IRE

MÉMOIRE

SUR

LA FORMATION

DU SALPÊTRE.

MÉMOIRE

SUR

LA FORMATION

DU SALPÊTRE,

ET

Sur les moyens d'augmenter en France,
la production de ce Sel.

PAR M. CORNETTE,

Docteur en Médecine, de l'Académie Royale
des Sciences, & de la Société Royale des
Sciences de Montpellier.

A PARIS,

Chez DIDOT le jeune, Imprimeur-Libraire,
Quai des Augustins.

M. DCC. LXXIX.

Nascitur Nitrum e rebus putrescentibus oleagenosis,
Acido terræ insito concurrentibus.

Georg. Ernest. Stahl. Specim. Beccher, pag. 139.

A MONSIEUR

DE LASSONE,

CONSEILLER D'ÉTAT

ET DU ROI EN SES CONSEILS,

PREMIER MÉDECIN DU ROI, EN SURVI-
VANCE, PREMIER MÉDECIN DE LA REINE,
DOCTEUR-RÉGENT DE LA FACULTÉ DE
MÉDECINE, EN L'UNIVERSITÉ DE PARIS,
DOCTEUR AGRÉGÉ HONORAIRE DE L'U-
NIVERSITÉ DE MÉDECINE DE MONT-
PELLIER, PRÉSIDENT DE LA SOCIÉTÉ
ROYALE DE MÉDECINE, DE L'ACADÉMIE
ROYALE DES SCIENCES, &c. &c. &c.

MONSIEUR,

EN vous dédiant cet Ouvrage, je ne
fais que suivre les sentimens que m'ont

a

inſpiré les bontés dont vous m'avez toujours honoré. Je vous dois cet hommage
à plus d'un titre. Le plus grand nombre
des Expériences que je publie ici, ont été
faites ſous vos yeux & dans votre Labo-
ratoire ; & depuis pluſieurs années vous
avez bien voulu m'aider dans mes travaux, de vos conſeils & de vos lumieres.

AGRÉEZ, je vous prie, MONSIEUR,
que je ſaiſiſſe cette occaſion de vous mar-
quer publiquement ma vive reconnoiſ-
ſance.

Je ſuis avec reſpect,

MONSIEUR,

Votre très - humble, &
très-obéiſſant ſerviteur,
CORNETTE.

AVERTISSEMENT.

L'Ouvrage que je préfente au Public, a concouru au prix que l'Académie des Sciences avoit propofé pour l'année 1775, *SUR LA FORMATION DU SALPÉTRE.* Le titre qu'elle a bien voulu me conférer, en m'admettant au nombre de fes Membres, ne me permettant pas de concourir une feconde fois, j'ai penfé qu'en faifant imprimer mon Mémoire, je pourrois faire plaifir, & me rendre utile à ceux qui fe propofent de courir la même carriere. Des circonftances particulieres m'ayant mis à portée de faire plufieurs Obferva-

a ij

tions, je les ai ajoutées en note, afin de ne point intervertir l'ordre de ce Mémoire, & de le faire paroître tel qu'il étoit lorſque je l'ai envoyé au Concours. Enfin, le jugement qu'en ont porté Meſſieurs les Commiſſaires de l'Académie, & l'approbation qu'elle a bien voulu y donner, me font eſpérer que le Public le recevra favorablement.

Ce Mémoire eſt diviſé en trois Parties; dans la premiere, je conſidere le Salpêtre comme un ſel neutre, compoſé d'un Acide particulier, qu'on nomme Acide nitreux, combiné avec l'alkali végétal : mais je ſuis fort éloigné de penſer que cet Acide ſoit dû à la tranſformation de l'Acide vitriolique, & a ſon paſſage à l'état d'Acide nitreux ;

le grand nombre d'expériences que j'ai
fait fur ce fujet, m'autorifent à penfer
que cet Acide eft particulier dans fon
efpece, & qu'aucun des Acides connus ne contribue en rien à fa formation. Je me fuis étendu auffi beaucoup
fur l'état de la putréfaction, & je crois
être le premier qui ait avancé qu'il falloit qu'elle fut complette, que les terres
Salpêtrées fuffent exemptes de toute
odeur, & qu'elles fourniffoient d'autant
moins de Salpêtre, que la putréfaction
n'étoit pas à fon dernier période. Je n'ai
point négligé de m'affurer, fi le libre
concours de l'air étoit d'une néceffité
abfolue au développement du Salpêtre;
on fait combien les fentimens font encore partagés fur cette queftion; mais,
je crois pouvoir avancer, d'après mes

propres expériences, & celles de Monſieur le Duc de la Rochefoucault, que l'on retire d'autant moins de Salpêtre des terres, qu'elles ont été moins de tems expoſées à l'air.

JE me ſuis attaché dans la ſeconde Partie, à déterminer quelles étoient les terres qui pouvoient convenir le mieux à fixer le Salpêtre ; j'ai fait voir que les terres calcaires étoient les ſeules qui avoient cet avantage, & je crois avoir démontré, que pour qu'elles puiſſent être propres à cet effet, il falloit qu'elles fuſſent pourvues de leur air fixe : autrement, employées dans l'état contraire, c'eſt-à-dire, dans l'état de chaux vive, elle ne pourroit pas remplir l'objet qu'on ſe propoſe, puiſque dans ce cas, elle a la propriété de décompoſer tous les ſels,

C'eſt ce qui m'a donné lieu de conjectu-
rer, que l'air fixe pouvoit bien être un des
principes conſtituans de l'Acide nitreux.
Je prie mes Lecteurs de ne point me con-
damner avant de m'avoir lu ; car je
préviens que je ne tiens point à cette
théorie, & que je ne l'ai avancé qu'a-
vec beaucoup de réſerve, & parce qu'elle
m'a paru fondée ſur quelque probabilité.

Dans la troiſieme Partie, j'indique la
préparation des terres, & je donne divers
procédés pour parvenir à former, à peu de
frais, du Salpêtre. Quelques perſonnes
pourront les trouver mauvaiſes, mais je
penſe que dans une matiere auſſi importante, on ne ſauroit trop indiquer de
moyens ; car il me paroît fort difficile
d'en fixer un qui fût praticable par-tout :
il faudroit pour cela que toutes les Pro-

vinces du Royaume ſe reſſemblaſſent par leur ſol & leur ſituation.

Je n'ai aucune prétention en publiant ce Mémoire : mon ſeul but eſt de tâcher de me rendre utile ; & je me croirai trop heureux, ſi mon travail peut être de quelque ſecours.

MÉMOIRE

MÉMOIRE

SUR

LA FORMATION

DU SALPÊTRE,

Et sur les moyens d'augmenter en France la production de ce Sel.

DEPUIS plusieurs années la plûpart des Académies de l'Europe, toujours accoutumées à diriger leurs travaux sur des objets utiles, se sont occupées des moyens d'étendre & de multiplier dans leur pays la production du Salpêtre. Leur principal but étoit non-seulement d'augmenter les revenus du Souverain, mais même de délivrer les Particuliers de la gêne & de l'assujettissement qu'entraîne après elle la fouille des terres propres à produire ce Sel. Les Savans de toutes Nations ont été invités à por-

A

ter leurs vues fur cet objet important, & à contribuer, par leurs recherches, au bien de l'humanité. Déja dans plufieurs Etats de l'Europe, des Nitrieres artificielles ont été conftruites; des réglemens fages ont été faits; l'émulation & l'encouragement ont été excités de toute part, & les peuples de ces contrées commencent enfin à reffentir les bons effets de ces établiffemens, & recueillent avec profit les fruits de leurs peines.

Puiffe ma Patrie jouir bientôt d'un pareil avantage, & profiter des vues bienfaifantes & vraiment patriotiques d'un Miniftre fage & éclairé (1), qui, toujours occupé du bonheur public, a mis à même l'Académie Royale des Sciences de concourir à fes vues, en lui donnant une fomme pour propofer des prix extraordinaires à ceux qui auront le mieux rempli la queftion fuivante : *Déterminer les moyens les plus prompts & les plus économiques de procurer en France une production de Salpêtre plus abondante que celle qu'on obtient préfentement, & fur-tout qui puiffe difpenfer des recherches que les Salpêtriers ont le droit de faire dans les maifons des Particuliers.*

Cette queftion, que propofe aujourd'hui

_____

(1) M. Turgot, Contrôleur-Général des Finances.

l'Académie, se trouve déja en partie résolue en plusieurs Royaumes. La Suede, la Prusse, une grande partie de l'Allemagne, l'Isle de Malte, plusieurs Cantons de la Suisse, l'Amérique même, récoltent déja, par cette voie, du Salpêtre en assez grande quantité pour fournir à leur consommation, & pour cesser en quelque sorte de devenir tributaires des Nations étrangeres. En considérant donc ces différens établissemens, on peut en inferer que le Salpêtre se trouve généralement répandu dans tous les pays ; que la France, aussi-bien située que les autres Royaumes, peut se flater du même succès, & qu'enfin le moyen de se procurer du Salpêtre en plus grande quantité ne dépend que du choix des matériaux, de la disposition, de l'arrangement & des mélanges convenables des terres propres à produire ce Sel. Voilà à quoi se borne tout ce travail.

Mais cette question, très-intéressante par elle-même, exige pour la traiter, qu'on entre dans des détails très-étendus : j'exposerai le plus succintement qu'il me sera possible mes idées & mes vues sur cette matiere. Je ne tirerai de conséquences que celles qui ressortiront des expériences, & si j'avance quelques théories, je préviens que je ne les donne que comme des conjectures, qui cependant auront, ce me femble, quelques degrés de vraifemblance.

Pour éviter la confufion, & mettre plus d'ordre à ce Mémoire, je le diviferai en trois Parties : dans la premiere Partie, je traiterai de l'Acide nitreux (1) ; j'expoferai les divers fentimens des Auteurs qui en ont parlé, & je difcuterai leurs opinions : dans la feconde, je parlerai de la formation du Salpêtre, & des moyens que l'on doit employer pour en obtenir : dans la troifieme, je donnerai des procédés fimples pour augmenter en France la production de ce Sel, fans avoir recours au creufement des caves & en délivrant les Particuliers de la gêne & de l'affujettiffement auxquels ils font expofés par les fouilles que les Salpêtriers ont droit de faire chez eux.

---

(1) Ou Acide conftituant du Salpêtre. Le Salpêtre, ou Nitre, eft un Sel neutre, compofé d'un Acide particulier, nommé Acide nitreux, combiné jufqu'au point de faturation avec l'Alkali fixe végétal.

PREMIERE PARTIE.

Sur l'Acide nitreux.

Pour pouvoir donner de l'Acide nitreux des idées juftes , une définition exacte ; & pour pouvoir établir quelque chofe de certain fur la nature de cet Acide , il faudroit que l'on connût fes principes conftituans , & les moyens que la Nature emploie pour le former. Mais jufqu'ici on n'a encore rien obtenu de fatisfaifant fur cette matiere , & toutes les recherches des Chymiftes fe font bornées à faire connoître feulement fes propriétés. On ne peut donc le regarder que comme un corps fimple , un mixte vraifemblablement du fecond ordre , dont l'analyfe exacte a échappé à la fagacité des Chymiftes les plus éclairés. Auffi ce défaut de connoiffance fur cet Acide a-t-il fait naître beaucoup de fentimens divers fur fa nature & fa formation.

La plûpart des anciens Chymiftes penfoient que l'air de l'atmofphère étoit le principal magafin où fe formoit l'Acide nitreux: ils croyoient que cet Acide , ainfi formé dans l'air , fe dépofoit dans les terres calcaires. Quoique cette

A iij

opinion ne foit pas abfolument dénuée de vraifemblance, puifque l'air, comme j'aurai occafion de le faire voir par la fuite, eft un des
principes effentiels & conftituans de l'Acide
nitreux : cependant ce fentiment a effuyé avec
raifon des contradictions bien capables de le
combattre. Lémery le fils , de l'Académie
Royale des Sciences, dans deux Mémoires qu'il
a donnés fur cet objet , & qui fe trouvent in-
férés dans le Volume de cette Académie pour
l'année 1717, a prouvé d'une maniere claire
& fatisfaifante , que des terres, de quelque nature qu'elles fuffent, ne fe falpêtroient pas de
même à l'air lorfqu'elles étoient ifolées, &
qu'elles ne contenoient aucune fubftance en
putréfaction. Cependant , fi l'on interpréte
avec un peu moins de rigueur le fentiment des
Ançiens, on verra que ce n'eft pas fans fondement qu'ils avoient établi leur fyftême ; on
verra , dis-je , qu'ils n'attribuoient pas totalement à l'air la formation de l'Acide nitreux,
puifqu'ils employoient déjà , pour en obtenir,
des matieres en putréfaction. Si d'une part ils
ont voulu donner un peu trop d'extenfion à
leurs fentimens, & trop le généralifer ; d'un
autre côté auffi, ils ont trouvé dans leurs con-
tradicteurs un peu trop d'acharnement à les
combattre ; & on fera autorifé à leur rendre

(7)

plus de juſtice, ſi l'on conſidere que les matieres en putréfaction, ſans le concours de l'air,
ne fourniſſent pas de nitre. Je ſais qu'on m'objectera que la plûpart des ſubſtances végétales
fourniſſent du nitre de cette maniere ; je répon-
drai à cela, que ce nitre étoit tout formé dans
les plantes, & que celui que l'on en retire n'eſt
point le produit d'une nouvelle combinaiſon,
comme j'ai eu occaſion de m'en aſſurer pluſieurs fois.

Lémery, après avoir combattu le ſentiment
des anciens Chymiſtes, a cru devoir adopter
une autre opinion pour rendre raiſon de la formation du Salpêtre : il prétend que ce Sel eſt un
produit de la végétation ; qu'il ſe forme habi-
tuellement dans les plantes vivantes, d'où il
paſſe enſuite dans les animaux. Mais cette aſſertion de Lémery entraîne après elle bien des
objections. Si le nitre eſt un produit de la végétation, pourquoi toutes les plantes n'en con-
tiennent-elles pas ? Et pourquoi avance-t-il
lui-même dans ſon Mémoire que la bourrache,
le pourpier, & pluſieurs autres eſpeces de
plantes nitreuſes, cultivées dans des terres exemptes du mêlange de plantes pourries, ne lui ont
donné par l'examen aucun indice de nitre,
mais toujours de l'Acide vitriolique ? Ce ſentiment, comme l'on voit, n'eſt pas à l'abri des

A iv

contradictions ; car fi le nitre étoit un produit de
la végétation , il devroit fe trouver également
dans toutes les plantes, ce qui n'arrive point; & on
peut avancer avec plus de raifon fans doute,
que Lémery, que le nitre qu'on retire des plantes
n'y eft qu'accidentellement (1) ; que ce même

---

(1) Il y a déja bien des années que j'ai pu me convaincre
de la vérité que je viens d'avancer ; mon objet, en faifant
ces expériences , ne fe bornoit point feulement au Salpêtre ; car mon but principal étoit d'examiner fi différens Sels ,
mêlés avec de la terre , pafferoient dans le végétal fans altération : je ne rapporterai ici que celle qui a trait au Salpêtre , me réfervant de reprendre ce travail, & de le donner
dans fon tems à l'Académie. Voici donc comment je m'y
pris : je mis dans deux caiffes de la terre de jardin, que j'avois
bien lavée auparavant, pour ôter tout le Sel qu'elle pouvoit
contenir. J'ajoutai dans une de ces caiffes deux onces de Salpêtre, que je mêlai exactement avec la terre , & dans l'autre
je ne fis aucune addition ; car elle devoit me fervir d'objet
de comparaifon. Je femai dans ces deux caiffes de la laitue ;
celle où étoit le Salpêtre me parut lever un peu plus promptement que l'autre. Je cultivai cette plante avec foin, &
je l'arrofai aufli fouvent que la féchereffe de la terre l'exi-
geoit. Enfin lorfqu'elle fut parvenue à fa parfaite maturité,
je la cueillis, & la fis deffécher promptement au foleil. La
premiere , où étoit le Salpêtre, me laiffa entrevoir à la
loupe quelques petits cryftaux , au lieu que l'autre ne m'en
donna aucune indice. Cette premiere plante brûlée fufa
beaucoup fur les charbons ardens ; l'autre au contraire brûla

nitre exiſtoit tout formé dans la terre ; qu'é-
tant diſſout par l'humidité , il s'eſt trouvé dans
un état de diviſion aſſez grand pour être entraî-
né par les ſucs nourriciers de la plante. On
pourroît encore avancer que la plûpart des végétaux ne contiennent pas de nitre tout formé , & que celui qui réſulte de leurs mêlanges
avec la terre calcaire ou le gips , n'eſt dû qu'à
une nouvelle combinaiſon & à un nouvel arrangement des principes qui le conſtituent.

La terre animale , ſelon lui , peut encore
être regardée comme une terre nitreuſe ; j'ai eu
occaſion de vérifier ce fait , depuis plus de huit
ans : on avoit mis dans un pot de terre verniſſée

tranquillement , & ne laiſſa paroître aucun veſtige du Salpêtre. Je ſens bien que pour donner plus de poids à cette
expérience , il eut fallu la répéter plus en grand : mais il
me ſemble cependant que quelque foible & légere qu'elle
puiſſe être , on peut en inférer que le Salpêtre ne s'eſt point
formé dans la plante , & qu'il a paſſé dans le végétal ſans
ſouffrir d'altération.

Ce qui ſe paſſe dans pluſieurs pays , & notamment à
l'Iſle de Ré , vient à l'appui de ce que j'ai avancé. Les
Habitans de cette Iſle manquant de fumier pour engraiſſer
leur terre , ſe ſervent à cet uſage de varech , ou d'autres
plantes de cette nature qu'ils trouvent ſur les bords de la
mer. Les plantes qu'ils cultivent ainſi ſont ſalées , de ſorte
que le pain , le vin & les légumes participent des différens
Sels contenus dans les plantes qui ſervent d'engrais.

des matieres animales ; on avoit enterré ce pot,
afin d'ôter à cette matiere toute communication
avec l'air extérieur ; on avoit en vue d'autres
recherches que celles qui intéreffent la matiere
que je traite : mais la circonftance m'a déter-
miné à employer cette terre pour cette expérience. J'ai délayé dans de l'eau froide cette
terre , qui par ce laps de tems avoit perdu
toute fe mauvaife odeur, figne certain que la
putréfaction étoit achevée ; la liqueur eft paf-
fée claire, mais d'une couleur jaune , foumife
à l'évaporation ; elle ne m'a donné aucun indice de l'exiftence du falpêtre. Cette expérience eft concluante , puifqu'elle démontre
que la terre végétale & animale ne fourniffent
point de Salpêtre fans le concours des fubftances qui lui font propres.

Stahl , en fuivant le fentiment de Becker
fur l'exiftence d'un feul Acide primitif, qu'il
regardoit comme le principe & l'origine des
autres Acides (favoir l'Acide vitriolique) a
avancé que l'Acide nitreux n'étoit autre chofe
que ce même Acide vitriolique ; mais modifié
par le mouvement de la fermentation putride avec une certaine quantité de phlogiftique. Il fondoit fon opinion fur ce que l'Acide
nitreux fe forme particulierement , & en plus
grande quantité, dans des terres vitrioliques &

abreuvées de phlogiftiques, que dans d'autres efpeces de terre ; de-là il conclut que l'Acide vitriolique fe convertit en Acide nitreux. La plupart des Chymiftes modernes, foit par ref-pect pour Stahl, foit qu'ils foient frappés de la folidité de fon raifonnement, ont fuivi fa doctrine ; mais l'expérience ne doit pas plier fous le joug de l'autorité, & avec de pareilles armes je me propofe de la combattre.

La préfence du Sel marin, par-tout où fe trouve du Nitre, fit penfer à Glauber que ce Sel étoit fufceptible de fe convertir en Salpê-tre. Cet Auteur étoit au moins auffi fondé à le croire que le font les Sectateurs de Stahl. De part & d'autre les raifonnemens qu'on peut faire fur cet objet paroiffent auffi folides les uns que les autres : car on peut avancer que fi la félé-nité étoit auffi foluble dans l'eau que le Sel ma-rin, on en trouveroit autant de mêlé avec le Salpêtre que l'on trouve de ce dernier Sel. Ce fentiment de Glauber n'a pas laiffé d'en-traîner après lui beaucoup de partifans : plu-fieurs demi-Savans, flatés fans doute par l'ef-poir du gain, ont entrepris, fur une fimple fpéculation, ce genre de travail ; des So-ciétés fe font formées ; des établiffemens con-fidérables ont été faits, & le fuccès n'ayant pas répondu à leur attente, ils ont été les victimes de leur impéritie & de leur ignorance.

Après ce court exposé des différens sentimens des Chymistes sur la nature de l'Acide nitreux, j'ai cru qu'il étoit essentiel de déterminer, par des expériences variées & multipliées, auxquels de ces sentimens on devoit donner la préférence. Celui de Stahl, comme je l'ai déja avancé, paroît avoir eu le plus de Sectateurs. Le Docteur Pietch, dans sa Dissertation sur la nature & la formation du Salpêtre (ouvrage qui a été couronné par l'Académie de Prusse) a principalement calqué ses principes sur la doctrine de Stahl, en établissant comme lui la transmutation de l'Acide vitriolique en Acide nitreux : il apporte en preuve de son sentiment une expérience déja connue ; il dit qu'en saturant une terre calcaire avec l'Acide vitriolique, & qu'en exposant ce mêlange dans des endroits où il y a des exhalaisons urineuses, ou mieux encore en l'humectant d'urine & le laissant évaporer à l'air, on obtient du Nitre de ce mêlange, traité par la lixivation, selon l'art ; d'où il conclut que dans cette circonstance l'Acide vitriolique, par le concours de la matiere phlogistique de l'urine, s'est converti en Salpêtre. Je pourrois rapporter un plus grand nombre de faits à-peu-près analogues, contenus dans cette Dissertation ; mais

comme cet Ouvrage est imprimé, & qu'il se
trouve aujourd'hui entre les mains des Chymistes, je crois devoir m'en tenir là, afin d'é-
viter des longueurs & des redites inutiles.

Cette expérience, qui étaie la Dissertation
du Docteur Pietch, & qui lui sert de base, étoit
trop importante pour que je ne la répétasse
point ; je saturai, ainsi que le demande l'Auteur,
de la craie avec de l'acide vitriolique : j'aurois pu
prendre du gips, qui auroit été la même chose,
mais, je ne voulus avoir aucun reproche à me
faire : j'humectai ce mêlange avec de l'urine,
& j'eus soin d'en ajouter de tems en tems,
lorsque je m'appercevois qu'elle étoit évapo-
rée, & que la masse qui restoit étoit très-séche.
Après six mois de digestion ; je lessivai ce mêlange dans une suffisante quantité d'eau ; j'obtins à la vérité par l'évaporation de la liqueur,
un peu de nitre, mais non point en assez grande
quantité pour que je pusse conclure que celui
que j'avois obtenu, étoit dû à la modification
de l'acide vitriolique, & à son passage à l'état
d'acide nitreux ; d'ailleurs, la sélénité me parut
n'avoir souffert aucune altération : je retirai
extraction faite des sels contenus dans l'urine,
presque poids pour poids la quantité de gips
que j'avois employé, ce qui me prouva que la

félénité , dans ce cas , n'avoit point contribué à
la formation de l'acide nitreux.

Mais pour mieux établir mon opinion , je
résolus de faire les expériences suivantes : je
fis un mêlange de douze livres de craie, de deux
livres de sel de Glauber , que j'humectai avec
de l'urine ; j'eus soin d'en ajouter de tems en
tems , afin de l'entretenir toujours humide. Je
ferai observer que cette expérience a été com-
mencée le dix Juin 1775 , & que je ne l'ai exa-
minée que six mois après. Pendant que d'un
côté , je procédois à cette expérience ; d'un
autre , j'en projetois plusieurs : je fis divers mêlanges ; le premier fut composé de deux livres
de tartre vitriolé , de douze livres de craie , de
quatre livres de viande ; le second , de huit
onces de sel ammoniacal vitriolique , de six
livres de chaux éteinte , & de six livres de crotin de cheval ; le troisieme , étoit un mêlange
seul de crotin de cheval & de craie ; & enfin
le quatrième , étoit fait avec de l'argile & du
fumier de cheval bien pourri , & propre à faire
le terreau des jardins. Tous ces mêlanges ont
été humectés avec de l'eau , à l'exception du
premier qui l'étoit avec de l'urine ; ils étoient
tous numérotés selon l'ordre que je viens d'indiquer , & j'y compris même le premier mêlange

que je viens d'énoncer. Il est inutile de dire
que ces mêlanges, pendant les chaleurs de l'été,
ont laissé exhaler une odeur très-fétide & très-
désagréable , & qu'après six mois, toute cette
odeur de certains mêlanges n'étoit point encore
entierement passée. Tous ces vaisseaux étoient
placés dans une espece de hangard, à quelques
distances les uns des autres , à l'abri de la pluie,
mais où l'air pouvoit circuler facilement ; j'a-
vois soin de remuer de tems en tems ces terres,
afin de renouveller les surfaces & de hâter la
putréfaction. Le tems étant expiré, je les sou-
mis à l'examen ; le premier numéro , qui étoit
composé de sel de Glauber & de craie, humecté
avec de l'urine lessivé & traité comme les terres
à Salpêtre , m'a fourni, par l'évaporation, une
petite quantité de nitre ; mais j'ai retiré une
bonne partie du sel de Glauber, que j'avois employé, mêlé avec du sel marin ; il s'étoit aussi
formé de la sélénité provenant de la décom-
position du sel de Glauber, & de l'action de l'a-
cide vitriolique de ce sel sur la terre calcaire.
Je me propose de démontrer dans une autre
Dissertation , que l'acide vitriolique contracte
avec les terres calcaires , une adhérence plus
forte qu'avec les substances alkalines, puisqu'il
quitte, comme je viens de le faire voir, l'alkali
avec lequel il est uni, pour se combiner avec

(16)

une fubftance terreufe , & c'eft relativement à cette double décompofition qu'on ne trouve jamais ni fel de Glauber ni tartre vitriolé dans les travaux du Salpêtre.

Le fecond mêlange traité comme le premier, me fournit une liqueur d'une couleur jaune & même d'une odeur encore très-défagréable : foumife à l'évaporation , je retirai une grande partie de mon tartre vitriolé , de la félénité , un peu de fel marin, mais il n'y eut pas de nitre. Je préfumai que, fi dans cette circonftance je n'avois pu obtenir du nitre de ce mêlange, cela ne pouvoit dépendre que de ce que la putréfaction n'étoit pas encore achevée entierement , & j'ai eu lieu de m'en convaincre , puifque fix mois après je retirai du nitre de ce même mêlange , ce que je n'avois pu faire auparavant, ce qui prouve que le terme complet de la putréfaction eft très-effentiel pour la production du Salpêtre , auffi l'ufage & l'habitude confirment cette opinion , puifque les terres des nitrieres artificielles leffivées, la premiere année, fourniffent moins de nitre que les années fubféquentes.

Le troifieme mêlange avec le fel ammoniacal vitriolique , laiffa dégager beaucoup d'alkali volatil ; je ne retirai plus de la lixivation de cette terre , que du gips en très-grande quantité ,

tité , du sel marin ; mais il y avoit aussi un peu plus de nitre que dans les expériences précédentes , & presque tout ce nitre étoit à base d'alkali fixe.

Le quatrieme mêlange , lessivé de même , me fournit du nitre en plus grande quantité que les autres. Je ne doute point que ce mêlange ne soit préférable aux précédens ; si au lieu de craie on y ajoutoit de la chaux éteinte , & qu'on laissât cette matiere exposée plus long-tems à l'air avant de la traiter : car , je le répete , la putréfaction complette est absolument essentielle à la formation du nitre , & c'est une considération qui doit entrer pour beaucoup dans les établissemens de Nitrieres artificielles : je n'avois point employé , comme l'on voit , d'acide vitriolique dans ce mêlange , & je n'ai pas laissé cependant d'en retirer plus de nitre que des autres.

Le cinquieme mêlange m'a aussi fourni un peu de nitre comme les précédens ; mais la lixivation en est plus difficile , la compacité de l'argile n'étoit pas entierement détruite , aussi la liqueur a-t-elle resté beaucoup de tems à filtrer , & même je n'ai pu éviter la perte d'une assez bonne quantité qui a été retenue.

J'aurois pu m'en tenir à ces premieres expériences , & décider affirmativement que l'acide

B

vitriolique n'entre pour rien dans la formation
du Salpêtre , fi je n'avois eu en vue d'établir ,
d'une maniere encore plus exacte, mon opinion
fur cette matiere. Auffi , à peine eus-je fini ces
expériences , que je m'occupai à en faire de
nouvelles ; je jettai les yeux fur les combinai-
fons de l'acide vitriolique avec les fubftances
métalliques; perfuadé que cet acide fe trouvant
ainfi combiné avec des fubftances auffi abon-
dantes en phlogiftique , donneroit encore plus
de prife fur lui, & pourroit fournir , par fon
union avec la matiere phlogiftique qui s'émane
des corps putréfiés, quelques réfultats différens
des expériences précédentes.

Je fis deux mêlanges ; le premier étoit compofé de deux livres de vitriol de Mars , douze
livres de craie ; le fecond de deux livres du
même vitriol , de huit livres de chaux éteinte ,
& quatre livres de crotin de cheval. Le défaut
de tems m'empêcha de faire une nombreufe
fuite d'expériences que j'avois projeté ; mon
intention étoit de répéter les mêmes opérations
avec tous les vitriols métalliques, afin de m'affurer fi je n'obtiendrois pas des réfultats différens. Le premier fut humecté avec de l'urine,
& le fecond avec de l'eau feulement. J'obfer-
vai toutes les particularités , comme je l'avois
fait pour les expériences que je viens de décrire ;

ces deux mêlanges, traités comme les précédens, me fournirent du nitre ; mais le second
un peu plus que le premier. Le vitriol de Mars,
dans ces deux expériences, fut décomposé entierement, & je trouvai aussi dans les différentes
évaporations, beaucoup de sélénité.

D'après cet exposé, on peut présumer que
l'Acide vitriolique n'entre pour rien dans la formation de l'Acide nitreux, puisque dans toutes
les expériences que je viens de rapporter, la
petite quantité de nitre que j'ai obtenue n'est
pas assez considérable pour me convaincre qu'il
doive être attribué à la conversion de l'Acide
vitriolique en Acide nitreux, & puisqu'il est
possible d'ailleurs de retirer du nitre de différens
mêlanges de terre qui ne contiennent point
cet acide.

Comme j'ai été à portée très-souvent de
suivre les Salpêtriers dans leurs opérations,
j'ai eu occasion de voir qu'ils exposoient leurs
terres à l'air, avant de les traiter, pour en retirer le Salpêtre ; que plus ils étendoient ces
terres & renouvelloient leurs surfaces, & plus
aussi ils obtenoient de ce Sel : j'ai cru aussi m'appercevoir que leur principal but dans cette manipulation, tendoit principalement à faciliter le
développement du Gas putride, qui, selon eux,
est très-essentiel à la formation du Salpêtre.

Cette idée , toute chimérique qu'elle foit , ne
m'a pas paru dénuée de fondement , lorfque je
confidérai que tous les jours cette manœuvre
étoit mife en ufage avec fuccès dans toutes les
Nitrières artificielles , & il eft vifible qu'en pareil cas on ne peut aller contre l'expérience ,
puifqu'on fait que les terres de même nature ,
qui auront été remuées & agitées , fourniront
plus de nitre que d'autres que l'on aura laiffées
en repos.

Sans cependant abfolument adopter ce fyftême ; je réfolus de faire quelques expériences
fur ce fujet , afin d'examiner l'action du Gas
putride fur les Sels à bafe vitriolique ; je me
fervis pour cet effet d'un appareil très-fimple ,
décrit par le célebre Prieftley.

Je pris quatre bouteilles cylindriques de verre
blanc , de dix pouces de hauteur , fur deux
pouces & demi de diamètre ; je mis dans chacune de ces bouteilles deux livres de viande ,
dont j'avois fait ôter toute la graiffe ; j'avois
ajufté à l'orifice de chacune de ces bouteilles ,
des bouchons de liége , que je luttai avec de la
cire molle , & qui étoient percés au milieu.
J'introduifis dans chacun de ces bouchons un
tuyau de verre de communication , qui étoit
fait à peu près comme une S. D'un autre côté ,
je fis diffoudre féparément dans de l'eau diftil-

lée ; favoir, pour la premiere éxpérience, **deux**
onces de Sel de Glauber ; pour la feconde, **deux**
onces de Tartre vitriolé ; pour la troifieme, une
once d'Alkali volatil concret; & pour la quatrie•
me, une once de Sel ammoniacal vitriolique.
Toutes ces liqueurs furent mifes dans des vaiffeaux
de verres cylindriques, abfolument femblables
aux récipiens de la machine pneumatique. Chacun de ces vaiffeaux étant rempli de la liqueur
qui lui convenoit, entroit dans des fceaux de
verre qui étoient également pleins de la même
diffolution. Les chofes étant ainfi difpofées, je
plaçai fous chacun de ces cylindres le tuyau de
communication dont je viens de parler. Comme
le tems où je fis ces expériences étoit **fort
chaud**, la putréfaction ne tarda pas à fe **faire ;**
il fe dégagea pour lors beaucoup d'air, qui, en
paffant au travers de la liqueur, en déplaçoit
une quantité proportionnelle à fon volume.
Lorfque la liqueur contenue dans ces récipiens
fut prefque toute déplacée, j'agitai ces cylindres dans leurs fceaux, afin de rediffoudre **cet**
air & de le mêler avec l'eau, ce qui fe fit affez
facilement : je continuai cette expérience pendant quatre mois avec la même attention, ayant
foin d'ajouter de l'eau dans les fceaux lorfqu'elle
s'évaporoit : je n'apperçus pendant tout ce tems

(22)

aucun changement à toutes ces liqueurs ; elles
étoient restées claires , & aussi limpides qu'auparavant ; je les fis pour lors évaporer dans des
capsules de verre au bain de sable ; les Sels que
j'obtins me parurent n'avoir souffert que quelques légeres altérations. Le N°. 1ᵉʳ , où étoit
le Sel de Glauber , crystalisa plus difficilement:
il étoit enveloppé d'une portion de matiere
grasse qui avoit un peu coloré ses crystaux ;
mais la calcination la detruisit , & je parvins à
avoir ce Sel très-pur. Le N°. 2 , où étoit le
Tartre vitriolé , ne crystalisa pas si bien ; les
crystaux de ce Sel étoient aussi un peu différens ;
ils avoient plus de saveur , & approchoient assez
de la nature du Sel sulfureux de Stahl. Une
légere calcination détruisit également cette
matiere grasse comme au Sel de Glauber , & je
parvins à avoir ce Sel dans le même état où il
étoit auparavant. Le N°. 3 , où étoit l'Alkali
volatil , s'étoit dissipé presqu'entiérement pendant le tems qu'avoit duré cette expérience. Il
se précipita pendant l'évaporation un peu de
terre , & il se dégagea sur la fin une forte odeur
d'Alkali volatil. Le Sel ammoniacal vitriolique,
dans l'expérience , N°. 4 , parut n'avoir pas
été altéré ; car je le retrouvai tout entier, tel
que je l'avois employé. Il est inutile de dire que

dans toutes les évaporations, il fe dégage des vapeurs putrides très-défagréables & que l'on doit éviter ; auffi, pour obvier à tous ces inconvéniens, je les ai toujours fait évaporer en plein air. J'aurois pu fuivre plus loin ces expériences, & les étendre fur un plus grand nombre de Sel : mais je n'ai point voulu fortir des bornes que je me fuis prefcrites, en traitant de chofes étrangeres à ce Mémoire, me réfervant d'ailleurs de faire un travail particulier fur cet objet, dans lequel j'examinerai l'action de ces Gas putrides fur tous les Sels, foit terreux, foit métalliques.

Si ces Gas putrides, comme j'ai lieu de le penfer, & comme l'expérience le prouve, contribuent à la formation du Salpêtre, on doit voir, par les expériences que je viens de mettre fous les yeux de cette illuftre Académie, que la route que j'ai fuivie pouvoit me conduire à quelques nouvelles découvertes ; que mon principal objet, en employant ces Sels vitrioliques, étoit de m'affurer, fi par ce moyen je pourrois former du Nitre avec ces Sels, afin de fixer mes doutes ; mais mes efpérances fe font évanouies, lorfque j'ai vu que les petites altérations apparentes occafionnées à ces fels ne changeoient point leur nature. Je prévois toutes les objections que l'on

peut me faire fur ce nouveau genre d'expériences ; je fens bien qu'il auroit fallu, pour rendre cette démonftration plus complette, avoir
pu parvenir à faire du Nitre avec ce Gas putride
& des matieres quelconques ; mais c'eft ce que
je n'ai point effayé, par le peu de tems qui m'é-
toit prefcrit. Au refte, on ne peut difconvenir
que les matieres en putréfaction, foit, tirées du
regne végétal ou animal, ne foient très-effen-
tielles à la formation de l'Acide nitreux ; puifque fans elles on n'obtient point de Nitre : on
ne peut pas en dire autant de l'Acide vitriolique, fa préfence n'y eft pas auffi utile, puifqu'il fe forme également du Nitre avec des
terres calcaires pures & des matieres putrides,
fans le concours de cet Acide.

J'ai déja avancé dans le commencement de
cette Differtation, que Glauber étoit auffi fondé
de fon côté que Stahl & fes Sectateurs, de
penfer que l'Acide marin fut fufceptible de fe
transformer en Acide nitreux ; fa préfence dans
le Salpêtre prouve au moins qu'il y a entre ces
deux Sels une forte d'adhérence, & d'analogie
qui doit avoifiner de très-près la décompofition.
Cependant fi on examine avec attention, & fi
l'on fe dirige par l'expérience avant de pronon-
cer, on verra qu'il en eft de même de ce Sel,

comme de l'Acide vitriolique ; on verra, dis-je ,
que , mêlé avec différentes matieres terreufes
& putrides, il n'augmente point le produit du
Salpêtre, ainfi que je m'en fuis convaincu par
plufieurs expériences. Comme ce Sel ne fe dé-
compofe point par fon mêlange avec les terres,
comme les Sels à bafe d'Acide vitriolique , on a
l'avantage de le retirer plus facilement , & de
s'affurer s'il peut être employé comme un moyen
propre à augmenter la production du Salpêtre.

J'ai fait à peu pres , fur le Sel marin , autant
d'expériences qu'avec les fels vitrioliques; j'ai fait
des mêlanges de deux livres de Sel marin, douze
livres de craie, & de fix livres de crotin de cheval ; d'autres de Sel marin, à bafe terreufe, avec
la craie & le fumier; d'autres de Sel marin, avec
le plâtre & l'urine; & d'autres enfin avec le Sel
marin & la viande : j'ai obfervé les mêmes pré-
cautions pour ces expériences que pour celles
que j'ai déja décrites. J'ai humecté ces mêlanges, lorfqu'ils commençoient à fe deffécher,
& je n'ai retiré, en les traitant de même, aucun
indice de l'altération de l'Acide marin. De la
plupart de ces expériences, j'ai obtenu le Sel
marin tel que je l'avois employé, & dans d'autres un peu de Sel qui avoit été décompofé.
Tous ces mêlanges m'ont fourni un peu de Ni-

tre, à l'exception du dernier qui ne m'en a
point donné.

J'ai exposé également au Gas putride, du Sel
marin diffous dans de l'eau, du Sel marin à
bafe terreufe ; les Sels n'ont fouffert aucune altération qui en dénaturât l'Acide ; je me fuis
convaincu que celles qu'ils avoient reçues n'en-
troient point dans mon but, qui étoit de former
l'Acide nitreux.

Je pourrois rapporter encore un très-grand
nombre d'expériences que j'ai faites fur cet objet ; mais comme elles ne m'ont rien fourni de
particulier, je crois devoir les fupprimer, dans
la crainte que les détails n'en deviennent trop
ennuyeux. Celles que je viens de rapporter
font, ce me femble, capables d'éclaircir un
peu cette matiere, puifqu'elles combattent l'o-
pinion des Chymiftes, qui admettent la transfor-
mation des Acides vitrioliques & marins en
Acides nitreux. Mais cette hypothefe de la
part des Chymiftes, n'eft établie que fur de fimples conjeEtures. Ils fe fondent fur ce que l'A-
cide nitreux fe forme plus particulierement
dans les endroits où il y a des terres vitrioliques, comme fi il ne fe formoit pas également
dans d'autres ; ils donnent pour preuve, que
l'Acide vitriolique eft l'Acide univerfel ; qu'un

linge imbibé d'Alkali fixe, exposé à l'air, se
sature d'Acide vitriolique (1). Donc, disent-
ils, l'Acide vitriolique est le seul Acide ; donc
il doit être la base formatrice des autres : comme si je disois, le fer se rencontre ordinaire-
ment dans les pyrites cuivreuses ; donc il est la
base du cuivre. Que penseroit-on d'un pareil
raisonnement, & quelle confiance pourroit-on
y donner ? Je serois cependant tout aussi autorisé à l'avancer que ces Chymistes, puisqu'il ne
se trouve jamais de pyrite cuivreuse, sans qu'il y
ait du fer. Mais pourquoi refuser plus long-tems à
l'Acide nitreux ce que l'on accorde si gratui-
tement à l'Acide vitriolique ? pourquoi vouloir
que l'Acide nitreux soit un dérivé de cet Acide,
tandis que l'Acide vitriolique auroit seul exclu-
sivement le droit d'être universel ? Est-ce que

_____

(1) L'Acide vitriolique ne se trouve pas plus répandu
dans l'air que les autres Acides : je crois être en droit de
prouver que l'on est dans l'erreur, de penser qu'un linge
imbibé d'alkali fixe, & exposée à l'air, se sature de cet Acide.
Depuis les expériences du célèbre Priestley, on sait que ces
sels, par leur union avec l'air fixe, se crystallisent, & il paroît,
ainsi qu'on le verra par les expériences suivantes, que c'est
à cette substance que l'on doit attribuer la cause dont il
s'agit.

nature manqueroit de moyen pour former l'Acide nitreux? Peut-être en est-elle plus avare; mais si l'on ne trouve point des amas considérable de nitre, comme l'on en trouve de Sel gemme & de vittiol, doit-on en conclure pour cela que cet Acide soit le résultat de la modification de l'Acide vitriolique? Ne sait-on pas que lorsque l'Acide vitriolique touche au phlogistique, il reçoit à la vérité momentanément un caractere particulier, mais qui ne le dénature point, puisqu'il est toujours de l'Acide vitriolique. Si l'on considere d'ailleurs les propriétés particulieres des différens Acides, leur maniere d'être & d'agir sur les corps, n'est-on pas autorisé à penser que ce sont autant de composés particuliers qui

---

J'ai exposé dans un endroit fort élevé en pleine campagne, un linge imbibé d'alkali fixe pur; ce sel avoit été préparé par la détonation du nitre avec le charbon. Après huit jours d'exposition à l'air, je l'examinai; je le trouvai entierement recouvert d'une infinité de petits cryftaux longuets; ils étoient tous absolument semblables à ceux qui résultent de l'union de l'air fixe avec l'alkali. Je fus bientôt convaincu que je ne m'étois point trompé; car, ayant lessivé ce linge dans une quantité convenable d'eau distillée bouillante, & ayant fait évaporer la liqueur, je vis que le sel alkali n'avoit perdu aucune de ses propriétés, & il faisoit également effervescence avec les Acides, & ne contenoit point de tartre vitriolé; je répétai cette expérience d'une autre ma-

différent beaucoup par leurs principes conftituans les uns des autres ? C'eft-là le fentiment
que j'adopte , & c'eft celui qu'ont déja adopté
depuis long-tems avant moi plufieurs Chymiftes célebres. Je penfe donc que les Acides mi-
néraux, quoiqu'ayant des propriétés qui les rap-
prochent les uns des autres , font très-différens
entr'eux , & qu'il eft auffi difficile de faire de
l'Acide nitreux avec de l'Acide vitriolique, ou
de l'Acide marin , qu'il l'eft de faire de l'or ou
de l'argent avec du cuivre ou de fer : cela pofé,
l'Acide nitreux ne doit-il pas être regardé comme un produit particulier , mais compofé de
principes très-fimples ? L'air fixe n'entreroit-il

niere ; j'expofaî à l'air une capfule de verre large & plate ;
fur la furface de laquelle j'avois étendu un peu du même
alkali. Au bout de deux jours, je trouvai une partie de ce
fel cryftallifé autour des parois de la capfule , & je reconnus
que ces cryftaux étoient les mêmes que ceux de l'expérience
précédente. Je fuis fort éloigné de croire que cette expérience répétée indiftinctement dans tous les pays, aura toujours le même fuccès ; je conçois qu'elle peut varier beaucoup,
felon le fol & la fituation du lieu où elle fera faite ; mais il
eft aifé de fentir que cette différence ne fera qu'acciden-
telle , puifqu'étant répétée en pleine campagne , éloigné du
voifinage des volcans , elle donnera toujours les mêmes
réfultats.

pas lui-même dans la compofition de cet Acide ? Ne feroit-ce point une modification de cet
être avec la matiere phlogiftique dans un état
particulier, qui, comme l'on fait, eft un des
principes conftituans des Acides ? Il y auroit
encore un très-grand nombre d'expériences à
faire fur cette matiere, que le défaut de tems
& des occupations d'une nature différente ne
m'ont pas permis d'exécuter. Quoi qu'il en foit,
je me propofe de faire voir dans la feconde partie de ce Mémoire, que l'on ne retire du Nitre
en plus ou moins grande quantité que des fubftances qui contiennent plus ou moins d'air
fixe ; & fi les terres calcaires ont ce privilége
fur toutes les autres, ce n'eft relativement qu'à
cette fubftance qu'elles contiennent très-abon-
damment. Le fentiment que j'adopte pour établir une théorie fur l'Acide nitreux, a déja en
quelque forte été avancé par un habile Chymifte, M. *Lavoifier*, de l'Académie Royale
des Sciences. Quoique nos fentimens foient un
peu différens l'un de l'autre, on verra cependant qu'ils ont enfemble beaucoup de rapport.
Cet habile Chymifte, dans un Mémoire lû à
l'Académie Royale des Sciences, & depuis imprimé dans un Recueil de Mémoires fur la fa-
brication & la formation du Salpêtre, rapporte

que *l'Acide nitreux* n'eſt autre choſe que de *l'air nitreux* combiné avec les ſix onziemes de ſon volume de la portion la plus pure de l'air, & avec une quantité aſſez conſidérable d'eau. M. Prieſtley *penſe également que l'Acide nitreux eſt formé par une décompoſition réelle de l'air même* : on peut voir ce qu'il en dit dans ſon ſecond *Volume d'expériences*, page 74. Mais pour que cette aſſertion ſur l'Acide nitreux puiſſe avoir le dégré de préciſion qu'exige une bonne définition, il ſeroit eſſentiel que M. *Lavoiſier* nous diſe ce que c'eſt que l'air nitreux : il eſt vrai qu'à la page 616 de cette même Diſſertation, M. *Lavoiſier* ajoute, que l'air nitreux n'eſt autre choſe que de l'Acide nitreux dépouillé d'air & d'eau : mais comment concilier cette théorie ſur la nature de l'Acide nitreux avec les ſentimens des plus célebres Chymiſtes, qui tous admettent l'air, l'eau, & le principe du feu, comme les principaux agens de la formation des ſubſtances ſalines ? Quand bien même nous ſuppoſerions que l'Acide nitreux puiſſe, par quelque moyen particulier, acquérir un aſſez grand dégré de concentration, pour être concret, s'enſuivroit-il de-là qu'il fut dépourvu d'air & d'eau ? Stahl n'a-t-il pas démontré d'une maniere très-exacte,

que l'Acide vitriolique dans le foufre, contenoit
encore de l'eau ? Hales , dans fa Statique des
végétaux , n'a-t-il pas fait voir également que
l'air fait partie des Sels, & qu'il y entre comme
partie conftituante ? Il eft donc probable que
s'il étoit poffible d'enlever , par quelque moyen
que ce foit, à l'Acide nitreux fon air, ou fon eau
principe , il cefferoit dès-lors d'être Acide nitreux , & perdroit entierement , par cette fé-
paration , fon caractere particulier. Quoi qu'il
en foit , d'après l'expofé que je viens de faire ,
on eft autorifé à penfer que M. Lavoifier regarde l'Acide nitreux comme un produit particulier , & qu'il entre dans la compofition de
cet Acide une quantité confidérable d'air très-
pur. Mais cet air pur que contient l'Acide nitreux , & que l'on retire par l'analyfe d'un
grand nombre de fubftances où il fe trouve, ne
pourroit-il pas être regardé comme de l'air fixe
rendu plus léger par fon mêlange avec le phlogiftique ? M. Prieftley le penfe ainfi : il regarde
l'air de l'atmofphere comme très-compofé , &
déja chargé de beaucoup de phlogiftique : il dit
à la page 118 de fon fecond volume, qu'il faut
laiffer féjourner long-tems l'air déphlogiftiqué
dans l'eau pour le purger d'air fixe ; ce qui paroît prouver que l'air déplogiftiqué n'en eft
jamais

jamais exempt. Plufieurs expériences m'autorifent encore à le penfer. Nous fommes parve-
nus, M. de Laffone & moi, à dénaturer de l'air
fixe tiré des terres calcaires, en le combinant
avec le phlogiftique, & à le rendre plus léger
que l'air commun. Ce célèbre Chymifte a d'ailleurs démontré, dans une fuite d'expériences
qu'il a faites fur l'air, que celui qui fe dégage
de la calcination de l'étain, par l'Acide nitreux,
diffère beaucoup de celui que l'on retire de la
diffolution de plufieurs autres métaux, par le
même Acide ; puifqu'au lieu de former de l'air
nitreux, il étoit au contraire plus léger que
l'air ordinaire ; légereté qui n'a pu provenir,
fans doute, que du phlogiftique que l'étain lui
a fourni pendant fa calcination. M. Prieftley,
à la page 201. de fon fecond volume, remar-
que qu'il a retiré, d'un mêlange de cailloux &
d'Acide nitreux, de l'air fixe ; cet air fûrement
n'a pas été produit par le caillou, puifque cet
Auteur lui-même fait obferver qu'ils n'en contiennent que très-peu, ou même point. Il eft
donc vraifemblable que l'air fixe obtenu de ce
mêlange a été fourni par l'Acide nitreux. Je
fens bien que pour donner plus de folidité à
ce raifonnement, il faudroit avoir formé de
l'Acide nitreux avec de l'air fixe & du phlo-

C

giſtique ; mais la nature , myſtérieuſe & ca-
chée , ne découvre que très-difficilement les
moyens qu'elle emploie pour la formation &
la compoſition des corps.

Fin de la premiere Partie.

SECONDE PARTIE.

De la formation du Salpêtre, & des moyens que l'on doit employer pour en obtenir.

LE Salpêtre , comme je l'ai dit dans la premiere partie de ce Mémoire , ne fe produit pas en auffi grande quantité que les autres Sels ; la nature , apparemment plus avare, n'en forme point de magafins , & il n'eft pas d'exemple que l'on ait trouvé des mines comme l'on en trouve de Sel gemme. Mais fi la nature forme ce Sel en moindre quantité que les autres , il paroît auffi qu'elle eft plus égale & plus uniforme dans fes productions : par-tout on peut faire du nitre, & par-tout on trouve les matériaux propres à le former ; au lieu qu'on ne trouve pas généralement par-tout des mines de Sel gemme ou de vitriol. Quoique la Chymie ne foit encore guere avancée pour rendre raifon de la formation des Sels , elle a cependant acquis plus de connoiffance fur les circonftances qui favorifent la formation de l'Acide du Salpêtre, que fur celle des autres Acides. On fait,

C ij

par exemple, que les corps en putréfaction, de
quelque regne que ce foit , foit du regne végétal ou animal , font effentiels à la formation de
l'Acide nitreux : on fait encore que les pierres
ou terres calcaires font exclufivement les feules qui , par leurs mêlanges avec les matieres
putréfiées , fourniffent du nitre ; au lieu qu'on
ignore , ou du moins on ne fait que foupçonner
quelles font les fubftances qui concourent effentiellement à la formation de l'Acide vitriolique
ou de l'Acide marin. Cela pofé , il eft donc
important de déterminer quelles font les circonftances les plus propres & les plus convenables pour favorifer la production du Salpêtre :
un libre concours de l'air & un peu d'humidité
font, felon moi, les deux élémens qui contribuent le plus à fa formation ; les autres fubftances qui entrent encore dans fa compofition fe
trouvent dans les mêlanges, mais elles ne fe
dégagent pas fans la rencontre des principes
que je viens d'indiquer. On fait que fans humidité il n'y a point de putréfaction ; que les fubftances végétales ou animales, féches & folides
reftent toujours dans le même état, & que ce
n'eft qu'en les humectant qu'on peut les dénaturer , & les amener au terme convenable pour
la formation du Salpêtre : auffi c'eft pour cette
raifon que les Salpêtriers employent toujours

de préférence les terres des fouterreins, qui font à la proximité des étables ou des foſſes d'aiſance , parce qu'elles font toujours abreuvées d'une humidité fuffifante pour completter la putréfaction , quoique l'on pût employer des terres d'endroits plus élevés , fi (toutes choſes égales d'ailleurs,) on avoit fait des mêlanges convenables, fi on avoit eu foin d'humecter ces terres ; c'eſt ce qui fe pratique journellement dans les nitrieres artificielles , particulierement en Allemagne , ainfi que l'a annoncé M. le Comte de Milly, habile Chymiſte , dans fa defcription d'une nitriere artificielle , lue à l'Académie Royale des Sciences de Paris, & imprimée dans le Recueil des obfervations fur le Salpêtre , déja cité.

Plufieurs Chymiſtes prétendent auffi que le libre accès de l'air n'eſt pas abfolument effentiel à la formation du Salpêtre ; ils donnent pour raifon , que ce Sel fe forme dans les caves où l'air eſt ſtagnant, & ils partent de là pour fe déclarer fur le peu d'importance dont il eſt dans cette occafion ; d'autres, au contraire, penfent que le libre accès de l'air eſt abfolument indifpenfable ; ils diſtinguent même l'efpece d'air qui y contribue le plus , & ils avancent , non pas fans fondement, que toutes les fois que le vent du Nord fouffle , ils retirent plus de

C iij

nître de leurs mêlanges que par le vent du Sud,
& qu'enfin il en réfulte une différence très-
confidérable dans le produit des terres qui ont
été expofées à l'air avec celles qui ne l'ont pas
été. J'ai été à portée de vérifier ce fait, & de
me convaincre de la bonté de cette opinion. J'ai
conftruit une nitriere artificielle, une partie de
cette nitriere étoit expofée à l'air ; mais une autre
partie étoit placée de maniere que l'air n'y circuloit que très-difficilement, & qu'il y étoit prefque
toujours ftagnant : en examinant féparément
ces deux terres, & qui étoient de même nature,
je me fuis apperçu d'une différence bien mar-
quée dans leur produit : celle expofée à l'air
m'a fourni beaucoup plus de Salpêtre que celle
où l'air ne circuloit pas, & j'ai eu auffi occafion de me convaincre, que toutes les fois que
le vent du Nord fouffloit, j'obtenois du Salpêtre de houffage à la furface de la terre qui lui
étoit expofée ; au lieu que l'autre, qui lui étoit
contiguë, mais dont la communication étoit
interrompue, ne m'en a jamais donné dans aucune circonftance (1). Mais comment expli-

---

(1) Une expérience d'un Amateur illuftre & diftingué,
(Monfieur le Duc de la Rochefoucault) vient à l'appui de
ce que j'ai avancé, & fert à confirmer de plus en plus mon
opinion. Ce Savant, dans un Mémoire qu'il a bien voulu

quer cette différence ? Pourquoi n'obtient-on
pas également du Salpêtre par le vent du Midi,
si l'apparition du Salpêtre par le vent du Nord
n'est occasionnée que par l'absorbtion de l'humidité ? Il me semble que celui du Midi, qui
est aussi sec que celui du Nord, devroit produire le même effet. Je ne chercherai pas à
rendre raison de tous ces phénomenes, ni à
expliquer lequel de ces deux vents, ou de celui du Nord, ou de celui du Midi, contribue
le plus à la formation de l'Acide nitreux, l'u-
sage & l'habitude confirment d'ailleurs ce que
je viens d'avancer. Les Chymistes qui ont été à
portée de diriger des nitrieres artificielles, ont
depuis long-tems senti cette vérité ; ils ont
toujours réservé des fenêtres au Nord, afin de
faciliter l'accès de cet air, au lieu que celles

---

communiquer, il y a quelque tems, à l'Académie, a démontré que l'air contribuoit essentiellement à la formation
du Salpêtre; il a prouvé par des expériences bien faites,
que de la craie, qui seule & sans addition, donnoit du Salpêtre par la lixivation lorsqu'elle étoit prise à la surface, n'en
fournissoit plus lorsqu'on la prenoit à une certaine profondeur, & où l'air n'avoit pu circuler. Ces expériences réu-
nies, prouvent donc d'une maniere incontestable, que le
libre accès de l'air est absolument essentiel à la formation
de ce Sel.

C iv

pratiquées à l'Eft & à l'Oueft font toujours fer-
mées, & paroiffent, felon eux, n'être d'aucune
utilité. Ils ont même foin, lorfque ce n'eft pas
le vent du Nord qui fouffle de fermer toutes les
communications.

Les Salpêtriers, gens pour l'ordinaire peu
inftruits, occupés feulement à fouiller les terres
& à les leffiver machinalement, ont appris par
leur propre expérience, que les terres des caves
ou autres fouterreins qui étoient expofés au vent
du Nord, fourniffoient plus de nitre que les autres.
On ne peut pas aller contre les faits, puifqu'ils
paroiffent fi généralement établis. Je pourrois encore citer d'autres exemples & fournir de nouvelles preuves fur la néceffité du libre concours de
l'air pour la production du Salpêtre. Mais comme
les faits que je viens d'avancer fe répetent journellement, & qu'ils font confirmés par une fuite
d'obfervations conftantes, je n'entrerai pas dans
de plus grands détails. Je ferai cependant obferver, que je fuis très-éloigné de croire que
l'air dépofe l'Acide nitreux fur ces terres, je
penfe, au contraire, que s'il en contient, ce
n'eft que par accident, & que fi par fon libre
accès dans les terres, il en augmente la production, cela ne doit provenir que de ce qu'en
accélérant la putréfaction; il détermine le développement des miafmes putrides, qui font,

ce me femble, ceux qui contribuent le plus à la production du Salpêtre. Je fuis d'autant plus convaincu de ce que j'avance, qu'en Suède, en Allemagne & en différens autres endroits où l'on a conftruit des Nitrieres artificielles, on s'eft apperçu que l'on retiroit plus de nitre des terres qui avoient été remuées, & dont les furfaces avoient été renouvellées, que de celles qu'on avoit laiffées en repos.

Il me refte actuellement à paffer en revue les terres qui paroiffent les plus propres à la production de ce fel. Plufieurs Chymiftes ont décidé que le plâtre cuit, la chaux vive, le mortier de chaux, les terres calcaires de toute efpèce, étoient les feuls qui contribuoient le plus à la formation du Salpêtre; ils ont même regardé le plâtre, comme le compofé le plus propre à fa production. Mais de ce que le nitre fe forme plus abondamment dans les plâtres, doit-on en conclure que l'Acide vitriolique foit entré pour quelque chofe dans la formation de ce fel ? Ne fait-on pas auffi qu'il fe forme abondamment dans les terres calcaires, & qu'on en retire tous les jours en grande quantité des décombres des vieux édifices, quoiqu'il n'y ait point eu de plâtre employé ? Nous avons d'ailleurs en France des provinces entieres, dans lefquelles on ne trouve pas de plâtre, & où

cependant on ne laiffe pas de recueillir du Salpêtre ; il eft donc évident que le plâtre , comme
plâtre , ne contribue point à la formation du
nitre , & que c'eft plutôt à la terre calcaire qu'il
contient, qu'on doit l'attribuer. On eft encore
fort incertain de l'état le plus propre & le plus
convenable auquel on doit employer cette terre ;
les uns prétendent que la chaux vive eft préférable à la chaux éteinte ; je fuis porté à croire,
cependant, que fi la chaux vive agiffoit comme
chaux vive, on n'obtiendroit point par fon mêlange avec l'urine, du nitre, ainfi que beaucoup
de Chymiftes l'ont prétendu. J'ai répété cette
expérience ; j'ai mis douze livres de chaux vive
dans un vaiffeau convenable, que j'ai humecté
avec de l'urine ; j'ai continué à en ajouter de
nouvelle , lorfque je me fuis apperçu que cette
maffe commençoit à fe deffécher , cette opération a été entretenue pendant fix mois ; il eft
inutile de dire que pendant cet efpace de tems,
il s'eft dégagé de ce mêlange une odeur très-
forte d'alkali volatil ; cependant, fur la fin du
dernier mois, ayant laiffé deffécher la matiere,
elle perdit entierement fa mauvaife odeur , &
en contracta une très-agréable qui approchoit
beaucoup d'une plante qu'on nomme *Eliotrope*.
Je leffivai cette matiere ; je fis évaporer la liqueur, & je ne vis pas fans furprife que tout

le sel contenu dans l'urine, avoit été annihilé & détruit entierement par la chaux; je crus devoir rechercher la cause d'un pareil phéno-mène; je trouvais dans M. Pott, une expérience qui me mit à portée de décider promptement cette question : il rapporte dans sa Differtation sur le sel marin, une expérience de Mazotta, extraite de son *Triplici Philosophia*, où cet Auteur dit : *qu'en calcinant le sel marin à différentes reprises, avec une partie égale de chaux vive, ce sel est détruit complettement.* On trouve également dans une Differtation de Wisck, Médecin Anglois, sur l'eau de chaux, traduite en François par feu M. Rax, que la chaux a la propriété de détruire plusieurs mu-cilages; mais M. de Lassone, Chymiste aussi profond qu'excellent Observateur, vient de faire un travail sur cette matiere, qu'il a bien voulu me communiquer, dans lequel il démontrera que la chaux vive a non-seulement la propriété de détruire le plus grand nombre des mucila-ges, mais aussi toutes les substances salines, de sorte qu'il n'en reste plus le moindre vestige. D'après cet exposé, il est visible que si dans tous les mêlanges où l'on fait entrer de la chaux vive, cette substance agissoit comme chaux, bien loin de favoriser la production du Salpê-tre, elle y seroit absolument contraire; mais

il eft probable qu'en recevant des différentes
matieres en putréfaction avec lefquelles elle eft
mêlée, l'air qu'elle a perdu par la calcination,
elle eft dans un état plus convenable à contribuer à la formation de ce fel ; je conçois auffi,
cependant, que fi au lieu de craie, dans fon état
naturel, o.. l'employe légérement ouverte par
le feu, on pourra retirer de fon mêlange avec
les autres matieres qui lui conviennent, plus de
nitre, parce qu'ayant reçu de la part du feu un
commencement d'alt.ration, mais telle que fon
air fixe n'ait point été détruit, elle peut alors
être dans un état plus favorable à de enir fubftance, faline. Il réfulte néanmoins de tout ce
que je viens de dire, qu'autant de tems que cette
terre n'aura pas récupéré fon air fixe, elle ne
pourra être propre à la formation du Salpêtre ;
je fais qu'on m'objectera que l'on trouve dans
les volumes de l'Académie Royale des Sciences,
un Mémoire de Bolduc, dans lequel il annonce
s'être fervi avec fuccès de chaux vive, pour
extraire le nitre de plufieurs plantes qu'il exa-
minoit; mais cette objection ne feroit pas fondée,
fi l'on fait attention que Bolduc n'a employé la
chaux vive dans cette circonftance, que comme
un intermede capable de détruire le mucilage
qui mafquoit ce fel, & non point comme un
moyen pour en faciliter la production. Son but

étoit de prouver que les végétaux contenoient du nitre tout formé, & il n'a pas cherché à calculer si l'intermede qu'il avoit employé pour détruire le mucilage, n'avoit pas aussi emporté une portion de la substance saline. On voit donc que si la terre calcaire est essentielle à la formation du Salpêtre, il faut aussi qu'elle soit pourvue de son air ; autrement, elle a la propriété de détruire tous les corps qu'elle touche.

D'après cet exposé, j'ai lieu de croire que l'air fixe est un des principes constituans de l'Acide nitreux ; mais par quel latus se combine-t-il ? quelle est la matiere avec laquelle il s'unit, & comment enfin se forme cet Acide ? ce sont autant de questions qui sont très-difficiles à résoudre. Les Acides paroissent être des substances très-simples, des composés du second ordre, dont la formation & l'origine ont échappé jusqu'ici à la perspicacité des Chymistes les plus exacts & les plus éclairés ; il est encore un très-grand nombre de mixtes de différente nature, sur l'origine desquels nous n'avons pas plus de connoissance que sur la formation des Acides : car, qui pourroit nous dire de quoi sont composés les métaux, & qui pourroit nous donner les moyens de les réformer avec des substances différentes de celles dont ils sont composés,

rendroit un très-grand service à la Chymie,
& avanceroit beaucoup les progrès de cette
science.

Le sentiment que j'adopte pour l'explication
de l'acide nitreux, quelque conjectural qu'il
puisse être, me paroît tout aussi admissible que
celui de plusieurs auteurs, qui regardent avec
Meyer, l'*Acidum pingue*, comme principe
constituant de l'Acide nitreux ; ils se fondent
sur ce que la chaux contribue à la formation du
nitre : donc, disent-ils, l'*Acidum pingue* de la
chaux, se combinant avec le phlogistique ou
matiere huileuse des substances en putréfaction,
forme l'Acide nitreux ; mais si la chaux contribue par son *Acidum pingue*, à la formation
du Salpêtre, quelle raison donneront-ils de
celui que l'on forme avec la craie, qui dans
son état naturel ne contient point d'*Acidum
pingue*, puisqu'elle n'a pas été exposée à l'action du feu ? Il faudra de toute nécessité ad-
mettre une autre cause ; car, avant d'établir
cette assertion, il seroit à desirer que l'on con-
nut ce que c'est que cet *Acidum pingue*, & quel
effet il produit sur les corps. En consultant les
ouvrages de Meyer, on voit que cet habile
Chymiste n'avoit pas encore des idées bien net-
tes & bien précises sur l'existence de ce nouvel

être ; il le regardoit (1) comme la fubftance la
plus prochaine de la plus pure matiere du feu ,
comme une matiere fubtile , mixte , analogue
au foufre , & compofée d'une fubftance faline
Acide : il dit ailleurs , que fon genre eft in-
connu , & il eft fort incertain de la dénomi-
nation qu'il doit lui donner , ou s'il doit l'ap-
peller un efprit ou un fel volatil , ou une huile
fubtile incombuftible. Je me difpenferai de fuivre plus loin Meyer dans fon hypothefe , puifque fon ouvrage fe trouve aujourd'hui entre
les mains de tous les Chymiftes. Quoi qu'il en
foit , fi avant que de fe décider , on veut concilier le fentiment de Meyer avec celui des anciens , on pourra , ce me femble , y trouver
beaucoup de rapport & d'analogie. L'*Acidum
pingue* ne feroit-il pas lui-même ce feu pur ,
ce feu principe qui eft fufceptible de fe combiner de diverfes manieres avec les corps ? Tout
me porte à le croire , fi l'on en juge par les
différens effets qu'il produit. La craie , comme
l'on fait , eft fufceptible de fe calciner auffi bien
dans les vaiffeaux fermés qu'à l'air libre ; dans
ces deux cas , elle fe convertit également en
chaux : fi le principe qu'elle retient pendant fa

(1) Meyer , fecond Volume, traduc. Franç. pag. 7.

calcination eſt un mixte & un compoſé, (comme l'avance Meyer) comment peut-il paſſer à travers les pores du verre, puiſque nous ne connoiſſons que la matiere du feu pur qui lui ſoit perméable ? Nous voyons, d'ailleurs, que pluſieurs effets que l'on prétend être occaſionnée par l'*Acidum pingue*, s'expliquent tout auſſi bien, & même d'une maniere plus exacte par le feu pur. M. de Laſſone, dans un Mémoire lu à l'Académie des Sciences, ſur l'examen de la chaux ſur différentes ſubſtances ſalines, a fait voir qu'en faiſant bouillir de la chaux vive avec du ſel de ſeignette ou du ſel végétal, on obtenoit par ce mêlange une liqueur très-claire, très-limpide, mais devenue très-cauſtique. Cette même liqueur, ſoumiſe à l'évaporation, s'épaiſſit ſur le feu, & prend une conſiſtance à-peu-près ſemblable à celle de la colle d'amidon ; ſi on laiſſe refroidir ce mêlange, cette liqueur reprend la limpidité qu'elle avoit auparavant. Eſt-ce l'*Acidum pingue* qui produit cet effet ? Cela n'a pas paru tel aux yeux de M. de Laſſone, & ce célebre Chymiſte a cru devoir rendre raiſon de ce phénomene d'une maniere plus ſimple, en admettant comme cauſe principale de cet effet, non point l'Acide du feu, mais le feu pur qui n'avoit pénétré cette ſubſtance que ſuperficiellement, &

qui

qui y adhéroit fi peu, qu'il fe diffipoit par le
refroidiffement. Pourquoi, d'ailleurs, le feu n'au-
roit-il pas le même avantage que l'air ? On ne
refufe pas à celui-ci, la faculté de fe combiner
de diverfes manieres avec les corps, & d'y produire des changemens & des altérations, felon
l'état & la quantité où il fe trouve ; au lieu que
l'on veut borner l'action du feu à une feule maniere d'être, & prétendre qu'il agit uniformément
fur les corps ; pour moi, je fuis bien perfuadé du
contraire, & je penfe, d'après plufieurs célebres
Chymiftes, que la maniere d'agir du feu fur les
corps, eft bien auffi variée que celle de l'air, &
que felon le mode où il eft, il doit produire des
changemens & des phénomenes capables en
tout point d'exciter leur attention & leur cu-
riofité.

Je pourrois appuyer mon raifonnement d'un
plus grand nombre de citations & d'expériences, fi je ne craignois de fortir des bornes que
je me fuis prefcrites. Quoi qu'il en foit, l'air
fixe eft un être exiftant, un être réel dont les
propriétés font connues, & qui fe trouve répandu dans prefque tous les corps. Il eft probable que cet air fixe, dont l'identité eft re-
connue, retiré de toutes les fubftances quelconques, puiffe, en fe combinant avec celles qui lui
font propres, entrer dans la formation de l'Acide

D

nitreux : l'acidité de l'air fixe eſt certaine ;
toutes les expériences le prouvent : mais il n'en
eſt pas de même de l'*Acidum pingue*, dont
l'exiſtence n'eſt encore que précaire, & ſur l'o-
rigine duquel on eſt encore bien peu d'accord.

Fin de la ſeconde Partie.

TROISIEME PARTIE.

Sur les moyens d'augmenter en France la production du Salpêtre, sans avoir recours au creusement des caves, & en délivrant les particuliers de la géne & de l'assujettissement auxquels ils sont exposés par les fouilles que les Salpêtriers ont droit de faire chez eux.

J'AI traité dans les deux premieres parties de ce Mémoire de l'Acide nitreux & de sa formation ; j'ai discuté les sentimens de divers Auteurs qui en ont parlé jusqu'ici, & je suis au moins porté à croire, que, si mes expériences ne détruisent pas entiérement leurs opinions, elles pourront servir, peut-être, à ralentir leur jugement, & les détermineront à faire de nouveaux efforts qui tendront toujours à donner plus de connoissance sur la nature de cet Acide. Il me reste actuellement à examiner quels sont les moyens d'augmenter la production du Salpêtre, à déterminer les mêlanges & les proportions les plus convenables des terres propres à produire ce Sel, & enfin à proposer des méthodes qui me paroissent

d'une exécution plus fimple , plus facile, moins
onéreufe , & qui exigent moins de main-d'œuvre
que celles qui font en ufage aujourd'hui.

Des moyens d'augmenter la production du Salpêtre.

On peut , de diverfes manieres, parvenir au
but que je me fuis propofé. La nature, fi variée
dans fes productions, nous offre naturellement
du Salpêtre, & nous préfente différens moyens
par lefquels on peut parvenir à fa compofition ;
mais elle paroît affectionner cependant de certaines terres , de certains mêlanges de préférence
à d'autres, pour la production de ce Sel. Un moyen
fûr pour acquérir quelque connoiffance fur cet objet, eft d'examiner les terres dans lefquelles il fe
fixe plutôt, & qui font effentielles à fa formation;
confidérer également les matieres en putréfaction qui y concourent le plus : en fuivant ces
vues, on fera, ce me femble, à portée de dé-
couvrir quelques vérités, qui pourront conduire
à l'augmentation du produit de ce Sel. On fait,
ainfi que je l'ai déja dit dans la feconde Partie de
ce Mémoire , que les terres calcaires entrent
effentiellement dans la compofition du Salpêtre ; mais ces terres feules & fans aucun mêlange , deviendroient totalement inutiles, fi l'on
n'employoit quelques fubftances qui , par leur

union avec elles , contribuaffent à fa (1) formation ; ce font les matieres en putréfaction. Toutes ces matieres ne poffedent pas cependant
cette qualité auffi-bien les unes que les autres :
il s'en trouve parmi elles qui ont cette propriété
dans un degré plus éminent qui contiennent du
phlogiftique plus développé , & plus propre par
conféquent à fe combiner avec la fubftance qui
fert à former l'Acide nitreux. De toutes les
matieres en putréfaction retirées du regne végétal ou du regne animal, celles qui me paroiffent les plus propres & les plus convenables,
ce font celles du regne végétal ; ces fubftances,
en fe putréfiant, produifent un double avantage
à la compofition de ce Sel ; elles fourniffent
non-feulement la matiere phlogiftique qui fert
à le former , mais même encore l'alkali fixe qui
le neutralife pour l'ordinaire , ainfi qu'on peut

(1) On a retiré depuis peu du nitre par la lixivation d'une
efpece de craie ; il eft aifé de fentir que la formation de ce
nitre , ne doit être attribuée qu'à une portion de matiere
phlogiftique des corps organifés, qui fe fera combiné avec
la terre calcaire, & aura formé du nitre.

Cette découverte vient à l'appui de ce que j'ai avancé
dans la première Partie de ce Mémoire , fur la formation du
nitre avec les terres calcaires , & les matieres en putréfaction.

D iij

s'en convaincre par les expériences de M. Mon-
tel, habile Apothicaire de Montpellier : cet
alkali fixe qui se combine ainsi avec l'Acide nitreux existoit tout formé dans les plantes, &
ne doit son dégagement qu'à la désunion des
principes du corps qui tombe en putréfaction,
comme l'a avancé M. Baumé. Les substances
animales, quoiqu'ayant les mêmes propriétés
que les substances végétales pour la production
du Salpêtre, ne fournissent pas, par leur putréfaction l'alkali fixe (1); aussi le nitre qu'on retire du mêlange de ces substances, est ordinaire-
ment du Sel ammoniacal nitreux, qui est pour
l'ordinaire décomposé par l'addition des cendres
ou autres substances alkalines que l'on mêle
avec les terres avant ou après leur lixivation.
Lorsque j'avance que les substances végétales en
putréfaction produisent de l'alkali fixe & neu-
tralisent l'Acide nitreux, je ne prétends pas
pour cela dire que tout l'alkali qui neutralise cet

(1) Les matieres animales, seules, ne fournissent que de
l'alkali volatil; il n'y auroit cependant rien de surprenant,
que des mêlanges de terre calcaite avec des matieres animales en putréfaction, il en résultât de l'alkali fixe; mais il
est visible aussi que cet alkali ne seroit point le produit de
la matiere animale, mais seulement la combinaison du phlogistique échappé des corps putréfiés avec la terre calcaire.

Acide soit formé par les plantes. Je suis au contraire porté à croire que la plus grande partie de ce Sel est formée immédiatement & en même-tems que l'Acide, & que cette formation n'est dûe qu'au développement du phlogistique, qui s'émane de ces corps, & qui en se combinant avec la terre calcaire, forme l'alkali fixe, ainsi que l'a démontré M. Baumé : nous en avons d'ailleurs plusieurs exemples dans le nitre à base d'alkali fixe qu'on obtient de plusieurs mêlanges, dans lesquels on n'a point fait entrer de substances végétales. Ainsi donc le véritable moyen d'augmenter la production du Salpêtre, est de bien connoître les substances qui concourent le plus à sa formation, leur préparation & le terme convenable auquel on doit les employer pour en extraire ce Sel. Car quelques bonnes que puissent être ces préparations, si la putréfaction n'est pas finie entierement, & si ces mêlanges conservent encore quelques mauvaises odeurs, on n'obtiendra que peu ou point de Salpêtre de ces terres, qui étoient cependant susceptibles d'en fournir beaucoup si elles eussent été employées dans un tems convenable. Les trois regnes fournissent chacun des matieres propres à la production de ce Sel ; dans le regne minéral nous trouvons toutes les terres calcaires quelconques calcinées ou non-calcinées , & toutes les terres qui en contiennent ; tel que le terreau des jardins , la terre des prés, celle tirée du fond des marais (1), les platras , les décombres des vieux édifices , les briques pilées , toutes ces terres peuvent fervir par leurs mêlanges , à la production du Salpêtre ; l'argile n'y convient point : il faudroit, pour pouvoir l'employer, diminuer fa denfité & fa tenacité par l'addition des terres calcaires , autrement la perte feroit trop confidérable.

Toutes les fubftances végétales peuvent également convenir ; mais les plantes tendres , aqueufes , & qui croiffent dans des terreins gras ou le long des murs , font préférables à celles qui font ligneufes : on peut fe fervir avec fuccès des feuilles , des fruits , du tan , & en un mot, de toutes les parties des végétaux, les cendres de quelqu'efpece qu'elles foient, peuvent être également employées. On peut fe fervir avec avantage, pour humecter ces mêlanges, des eaux alkalines , tirées des blanchifferies, des tanneries, ou de pré-

(1) Celles de cette efpece peuvent être employées avec beaucoup de fuccès, parce qu'elles renferment les fubftances convenables par la production du Salpêtre , fans avoir, en quelque forte, befoin d'addition ; l'expofition de ces terres à l'air fuffit.

férence, on peut employer cette eau noire qui découle des fumiers.

Dans le regne animal, on peut employer tous les animaux quelconques, toutes les parties qui les compofent, leurs excrémens. Mais parmi ceux-là, il en eft qui font plus propres, telles que la fiente de pigeon, la crote de mouton, de che-vre, le crotin de cheval & la fiente de poule : il faut avoir attention, dans le choix que l'on fait de ces matieres, de n'employer de préférence que celles qui font compofées de parties ten-dres & molles, & dont la putréfaction puiffe s'achever promptement, puifque c'eft une des caufes qui accélere le plus la production du Sal-pêtre ; il faut fur-tout avoir attention, fi l'on em-ploie des animaux, de les débarraffer de leur graiffe, qui, en retardant la putréfaction, s'op-poferoit à la production de ce Sel. Il n'eft pas néceffaire que toutes les matieres que je viens d'indiquer foient ajoutées dans les mêlanges ; une partie feulement fuffit : mais je préviendrai qu'il vaut beaucoup mieux employer des fubf-tances végétales que des fubftances animales, parce que ces matieres, en fe putrifiant, laiffent exhaler une odeur moins défagréable & moins nuifible aux ouvriers qui font occupés à ce genre de travail. Ayant donc expofé les différentes ma-tieres qui peuvent être mifes en ufage, avec fuccès, à la formation de ce Sel, nous allons passer aux mélanges, & donner les proportions les plus convenables auxquelles on doit s'en servir.

Lorsque selon sa situation & le lieu qu'on habitera on aura fait le choix des matieres que l'on veut employer, il faudra les battre & les mettre en poudre grossiere, en les passant à travers une claie, afin de les mêler plus exactement; si l'on emploie des parties dures & solides d'animaux ou de végétaux, il faut avoir soin, avant de les mêler, de les couper & diviser en menues parties; il est même très-essentiel de les faire macérer pendant quelque tems, ou dans une lessive de cendre, ou dans de l'eau de fumier, ou au défaut de cela, dans l'eau ordinaire, qu'on laissera exposée au soleil, afin que par cette longue digestion, ces matieres puissent se ramollir & soient en état de se putréfier plus promptement; mais il ne faut employer ces substances qu'à la derniere extrémité, & lorsqu'on ne peut pas s'en procurer d'autres plus propres & plus convenables à cet usage; ce qui ne peut pas arriver, attendu que par-tout on trouve des substances végétales, du fumier, de l'urine ou d'autres excrémens d'animaux, qui toutes valent mieux que les autres parties solides à la production du nitre. Il est bien essentiel, dans la préparation de ces terres, qu'elles soient mêlées du mieux qu'il sera possi-

ble avec les matieres animales ou végétales que
l'on voudra employer; il faut sur-tout avoir
attention qu'elles foient affez divifées pour que
l'air puiffe les pénétrer facilement : auffi, pour
cet effet faut-il ajouter des fubftances qui les
rendent & plus légeres & plus friables. Quand
on verra que la putréfaction fera bien avancée,
& que cette matiere n'aura prefque plus de mau-
maife odeur, il faudra pour lors la remuer avec
des inftrumens de fer, afin de renouveller les
furfaces. Cette agitation eft d'autant plus effentielle, que la putréfaction étant plus long-tems
à fe faire, retarderoit, ainfi que je l'ai déja dit,
la formation du nitre : il faut que les mêlanges
foient toujours un peu chargés d'humidité ; elle
y eft indifpenfable ; la réaction & la pénétration
ne fe feroient point ; la putréfaction n'auroit
pas lieu, ou du moins elle ne fe feroit que fort
mal, fi l'on n'y ajoutoit pas d'autre humidité que
celle contenue dans les fubftances que l'on employeroit. Lorfque je dis que l'humidité y eft
effentielle, je n'entends point que les mêlanges
foient humectés au point que la liqueur qu'on
ajouteroit en trop grande quantité, vint à s'é-
couler au travers des terres ; on fent bien qu'une
manipulation femblable feroit nuifible & défec-
tueufe, parce que cette eau, en fe filtrant, leffi-
veroit les terres, & emporteroit beaucoup de

fubftances falines, que l'on a grand intérêt de
conferver : il faut, le moins qu'il fera poffible,
les humecter avec de l'eau pure ; fi l'on man-
quoit d'eau de fumier ou d'urine : on pourroit
mettre en ufage les égouts des rues, des tanneries & autres, comme je l'ai déja dit ; au défaut de tout cela, on pourra préparer une liqueur dans laquelle on aura fait macérer diverfes plantes, n'importe l'efpece, qu'on laif-
fera expofé à l'air : cette eau, par le féjour de
ces differentes matieres acquerera une mauvaife odeur, & femblable à l'eau de fumier,
pourra être employée avec fuccès pour humecter de temsen tems ces terres. On ne peut point
fixer de tems pour l'addition de cette humidité, cela dépend du tems qu'il a fait & de la
fituation du terrein ; c'eft à l'Artifte à décider
par lui-même de l'état où il les trouve, de les
humecter lorfqu'il prévoit qu'elles en ont befoin. Quant à la proportion des différentes
fubftances que l'on veut employer pour la compofition de ces mêlanges, cela dépend d'abord
des matieres que l'on a fous la main. On fent
qu'il eft difficile de donner des proportions juftes ; mais heureufement une plus grande ou une
petite quantité ne changeroient point la production du Salpêtre, & il faut toujours avoir
attention que les matieres putrides n'excedent

point les terres que l'on emploie. Suppofons
donc un mêlange, qui feroit compofé de terre
végétale, de chaux, de cendres & de platras; fi
l'on ajoutoit encore à ce mêlange une pareille
quantité de matiere en putréfaction, ou fumier,
ou crotin de cheval, ou animaux, il eft évident que ce feroit trop, que la putréfaction auroit beaucoup de peine à fe faire, & que les
terres contenues dans ce mêlange feroient trop
enveloppées de matieres graffes qui mafque-
roient ce Sel, & qu'il faudroit laiffer écouler
beaucoup d'années avant qu'elle fut propre à
produire du Salpêtre; ce qui feroit un très-
grand obftacle, qui ne répondroit point aux vues
que l'on s'eft propofées: il vaut mieux même,
pour hâter la production de ce Sel, pécher plutôt en moins qu'en plus: on pourra par ce
moyen fe procurer en très-peu de tems une terre
bonne & fertile en Salpêtre, au lieu qu'on eft
obligé d'attendre très-long-tems, lorfque l'on
emploie trop de matieres putrides. Dans tous
les mêlanges que j'ai été à portée de faire plufieurs fois, j'ai toujours fuivi les proportions
fuivantes : fur cent parties de platras & de terre
végétale, j'y faifois mêler douze parties de matieres, ou putréfiées, ou propres à fe putréfier;
j'ajoutois à ce mêlange dix parties de craie &
cinq parties de cendre; je l'humectois avec de

l'urine ou de l'eau de fumier , & j'ai toujours
obtenu par ce procédé une bonne quantité de
Salpêtre : j'ai varié ces mêlanges, j'ai employé au
lieu de platras d'autres efpeces de terres , telles
que la craie , & j'ai néanmoins obtenu des réfultats à peu près femblables ; on fent bien qu'il
eft impoffible de déduire au jufte la quantité de
Salpêtre qu'on retire de ces mêlanges , cela ne
peut fe faire fans s'expofer à commettre de grandes erreurs. On fait d'abord qu'il faut plufieurs
années pour que ces terres foient en pleine valeur,
que la troifieme & quatrieme années fourniffent plus de Salpêtre que la premiere & la feconde ; que la fituation du lieu & la faifon plus
ou moins favorable qu'il a fait l'année courante
y contribuent même beaucoup , & que les mêmes mêlanges, employés en même quantité, produifent encore des variations très-grandes, dont
il eft très-difficile de rendre raifon. Les expériences fe font d'ailleurs trop en petit, pour qu'on
puiffe prendre feulement aucun terme moyen.
On voit donc que, pour déterminer des proportions juftes , il faudroit avoir une connoiffance
exaðe de toutes les fubftances que l'on peut
employer. Mais en fuivant les regles générales
que je viens d'établir, j'efpere que l'on pourra
parvenir à augmenter la produðion du Salpêtre , & que l'on emploiera déformais des mé-

thodes plus simples que celles celles qu'on a pratiquées jusqu'ici. Je me dispenserai de rapporter
celle que l'on pratique en France ; elle est connue de tout le monde , & les pauvres Habitans
des villes & des campagnes n'ont appris que
trop à leur dépens combien elle est défectueu-
se , & s'ils se peuvent voir un jour délivrés des
entraves & de la gêne que l'on exerce contr'eux,
ils béniront sans cesse l'auguste Monarque que
le Ciel a placé sur le Trône pour le bonheur de
ses Peuples, & le sage Ministre , digne inter-
prête de sa bienfaisance , à qui rien n'a échappé.

On peut proposer divers moyens pour augmenter la production du Salpêtre : nous avons
sous les yeux les établissemens qui ont été faits
en Suede , en Prusse , & dans divers autres endroits ; peut-être pourrions-nous , par quelques
moyens encore plus simples, parvenir au même
but. En Suede, on a établi des nitrieres artificielles ; on a construit des hangards, ouverts de
différens côtés, pour déterminer le libre accès
de l'air , sous lesquels on a fait des mêlanges de
terre , propre à la production de ce Sel. Il est
aisé de s'appercevoir que de pareils établissemens exigent beaucoup de main-d'œuvre & de
dépenses , & quoique l'on se serve d'une voie
peu coûteuse , à la vérité , qui est de se servir
des filles de joie pour ramasser l'urine & la por-

ter au lieu deftiné pour humecter les terres :
néanmoins, elles ne peuvent pas feules remplir
ce genre de travail, il faut des hommes employés continuellement à remuer les terres &
à les leffiver ; ce qui doit certainement , en
multipliant la dépenfe , augmenter le prix de
ce Sel. Je fais que les hommes dont on fe fert
pour fuivre ces travaux font dans la mifere &
fans aucune reffource ; mais on conviendra ,
avec moi , que fi l'on vouloit employer une
méthode plus fimple , on pourroit diriger
ces bras d'une maniere plus utile , en les employant au défrichement des terres & aux
travaux de la campagne. Une autre confidéra-
tion non moins importante à faire fur ces établiffemens , c'eft leur proximité des Villes.
Comme il entre indifpenfablement dans ces
mêlanges beaucoup de matieres en putréfaction , on ne peut difconvenir que de ce foyer
putride, il s'émane continuellement beaucoup de
miafmes capables d'infecter l'air & d'occafion-
ner beaucoup de maladies dangereufes ; c'eft ce
que nous ne voyons arriver que trop fouvent par
les maladies auxquelles font expofés ceux qui ha-
bitent près des cimetieres, des marais, ou d'autres
matieres analogues en putréfaction ; fi l'on com-
penfe l'avantage qu'on en retire avec les dan-
gers auxquels on eft expofé, on verra que quelques

que beaux & quelque avantageux que foient
pour la nation Suédoife ces établiffèmens, puifqu'ils ont pour objet l'utilité & la tranquillité
publique , ils peuvent néanmoins devenir la
fource d'une infinité d'accidens & caufer la ruine
de beaucoup de familles. De pareils établiffemens ne pourroient avoir lieu aux environs de
Paris , quoique fans contredit ils y feroient
mieux placés qu'ailleurs , puifque l'on trouveroit dans les balayures , les plâtras & les égouts
de cette grande Ville, des matériaux tout prépa-
rés, très-riches en Salpêtre, & qui n'exigeroient
d'autre dépenfe que celles d'agiter & remuer
les terres de tems-en-tems. Mais il feroit à
craindre qu'un amas auffi confidérable de matieres putrides ne répandit fur les Habitans de
cette Ville, des maladies contagieufes, & ne
leur occafionnât des maux beaucoup plus grands
que ceux auxquels ils font accoutumés, par la
gêne qu'exercent fur eux les Salpêtriers. Je fais
qu'on m'objectera que la plus grande quantité
des égouts de Paris font portés dans des tombe-
reaux, aux environs de cette Ville, dans des endroits deftinés par la Police, & que cependan
il n'eft pas d'exemple qu'ils ayent occafionné
jamais aucune maladie. Je ne chercherai poin
à réfoudre cette queftion, puifqu'elle eft totalement du reffort de la médecine ; mais je ré-

E

pondrai feulement, que les égouts placés en différens endroits, font expofés en plein air ; que
le dégagement de ces miafmes putrides n'eft re-
tenu par rien ; que la pluie délaye cette matiere,
& la fait pénétrer plus facilement dans les terres, & que néanmoins, malgré cela, à la proximité des lieux où font ces immondices, il eft des
tems dont l'abord n'en eft pas foutenable. Que
feroit-ce donc, fi l'on vouloit mettre en ufage ces
matieres pour en retirer le Salpêtre ? & qui
feroient les ouvriers qui pourroient foutenir
pendant long-tems un travail auffi pénible,
fans courir eux-mêmes de très-grand rifques ?
On pourroit néanmoins employer ces terres,
& j'indiquerai, dans un inftant, les petites préparations auxquelles il faudroit les foumettre.

La Pruffe, par la conftruction de fes murailles,
paroît avoir prévu tous ces inconvéniens ; le
moyen qu'elle emploie, fort fimple par lui-
même, eft d'autant plus avantageux, qu'il réu-
nit à beaucoup d'égards tout ce que l'on peut
defirer fur cet objet, puifqu'il procure le foula-
gement des peuples de ce royaume, & les dé-
livre de la fouille dans l'intérieur de leurs maifons. Les payfans, eux-mêmes, font chargés de
la conftruction de ces murailles ; le travail
n'en eft point fatiguant, & ils font bien récom-
penfés du prix de leurs peines, par la paix dont

ils jouiffent. Ils font, felon M. Pietck, (1) un
mêlange de cendres non leffivées de bonne
terre, c'eft-à-dire, de terre noire végétale, ou
de la terre des caves ou d'autre fouterrains,
qu'ils mêlent avec de la paille pour donner à ce
mêlange plus de légéreté & le rendre plus po-
reux ; ils humeétent cette terre avec l'eau fale
des bourbiers, ou celle qui fe trouve près des
fumiers, & ils conftruifent avec cette matiere
ainfi préparée, des murailles qu'ils couvrent de
paille pour les garantir de la pluie ; ils ont foin
d'y verfer un peu de cette eau de tems-en-tems,
& par ce moyen, ils fe procurent du Salpêtre
en affez grande quantité pour fournir à leur
confommation ; on pourroit cependant, ce me
femble, augmenter le produit de ce fel ; fi au
lieu de conftruire des murailles, on fe fervoit
des mêmes mêlanges de terre, & que l'on eût
foin de les agiter & de les humeéter de tems-
en-tems avec de l'eau ci-deffus indiquée ; pour
lors, en renouvellant davantage les furfaces,
la putréfaétion fe feroit mieux, & on pourroit

---

(1) Straalh avoit déjà remarqué, que quand l'humidité
avoit eu le tems de pénétrer affez avant & affez abondamment dans certaines murailles, on voyoit enfuite paroître à
fa furface, un véritable Salpêtre, fous la forme d'une efpece
défloreffence.

ainſi obtenir plus de Salpêtre. Il eſt vrai qu'on
ne retireroit pas de ce mêlange, autant de Salpêtre de houſſage, que des murailles ; mais à tout
cela, il n'y auroit rien de perdu, puiſque celui
qui ne ſe feroit pas montré au dehors, ſe trouveroit avec avantage lors de la lixivation. M. Pietck
emploie dans la conſtruction de ces murailles,
des cendres non leſſivées, non-ſeulement pour
rendre les terres plus poreuſes & plus pénétrables à l'air, mais même dans la vue d'obtenir
davantage de nitre à baſe d'alkali fixe. Ces cendres, d'après le ſentiment de M. Montet, & du
Chevalier du Coudray, n'y ſont pas d'une né-
ceſſité abſolue ; car, ces deux habiles Chymiſtes
ont obſervé, que l'on retiroit autant de nitre à
baſe d'alkali fixe, du mêlange des cendres du
tamariſc, qui n'en contiennent point, que du
mêlange d'autres cendres qui en contiennent (1).

_____

(1) Des obſervations que j'ai été à portée de faire pendant mon ſéjour à Montpellier, ſur les cendres du tamariſc, me paroiſſent un peu oppoſées aux ſentimens des deux
habiles Chymiſtes que je viens de citer : je ne diſconviens
point que la plus grande partie du nitre ne ſe trouve naturellement formée à baſe alkaline ; mais auſſi je ne ſuis pas
de leurs avis, lorſqu'ils avancent que les cendres du tamariſc ne ſervent qu'à dégraiſſer les eaux meres, & ne contribuent point à la régénération du Salpêtre. En effet, de
ce que l'on ne retire point par la lixivation de ces cendres,

Ces dernières substances peuvent cependant être de quelqu'utilité aux mêlanges de terres, soit dans la vue de les rendre plus poreuses & plus pénétrables à l'air. En considérant donc

aucune indice d'alkalicité, doit-on en conclure qu'elles ne remplissent point l'indication qu'on avoit toujours cru jusqu'alors ? c'est ce que l'expérience ne confirme point. J'ai démontré dans un Mémoire que j'ai lu à l'Académie des Sciences, le 13 Décembre 1777, ayant pour titre : *Mémoire sur l'action comparée de l'Acide nitreux, & de l'Acide marin sur les sels vitrioliques à base terreuse ;* que toutes les fois que l'on unissoit le sel marin, à base terreuse, ou le nitre à base terreuse avec le tartre vitriolé, ou le sel de Glauber, ces sels étoient toujours décomposés, & que dans ces deux cas, les sels vitrioliques quittoient leur base alkaline, s'emparoient de la terre des sels terreux, avec laquelle ils ont plus d'analogie. D'après cette théorie, fondée sur l'expérience, je crus que si les cendres du tamarisc ne décomposoient point les eaux meres du Salpêtre par leurs propriétés alkalines, elles pouvoient le faire, du moins, sur la nature des sels neutres qu'elles pouvoient contenir. La réussite de cette expérience confirma mon opinion. Je fis brûler séparément du tamarisc que j'avois fait cueillir en différens endroits, une partie aux environs de la mer, près de Maguelonne, & l'autre partie en étoit éloignée de trois lieues. Je mêlai, sur six onces de chacunes de ces cendres, deux onces de nitre à base terreuse, que j'avois fait avec de l'Acide nitreux très-pur, & de la terre calcaire ; j'ajoutai, sur chacun de ces mêlanges, six onces d'eau distillée tiéde, afin de les étendre davantage. Après vingt-quatre

E iij

les deux établiffemens pratiqués en Suede ou
en Pruffe , on pourra , fans cependant les adopter ponctuellement profiter des vues & des
éclairciffemens qu'ils nous ont donnés , pour
chercher en France de nouveaux moyens d'augmenter la production du Salpêtre , dont la récolte eft bien différente aujourd'hui de ce qu'elle
étoit il y a plufieurs années , puifqu'il y a près
du double de diminution ; ce qui fuppofe certainement un vice , foit dans la régie , foit par
le défaut de capacité des perfonnes qu'on emploie à ce genre de travail ; un moyen fûr de
réparer cette perte , & de prévenir déformais
toute efpece d'abus qui fe gliffent infenfible-
ment dans toutes les grandes entreprifes , ce
feroit de fixer des loix fages & invariables. Il
faudroit que , par une Déclaration du Roi , il

---

heures de digeftion , je filtrai les liqueurs ; je n'obtins point
par l'évaporation de la premiere , de nitre prifmatique , mais
la feconde m'en fournit en affez bonne quantité. Je m'affu-
rai , par l'analyfe , que les premieres cendres ne contenoient
point de tartre vitriolé , au lieu que les fecondes m'en fournirent beaucoup. Ces expériences prouvent donc , qu'il n'eft
point indifférent d'employer indiftinctement , pour les lavages,
des eaux des mers de l'une ou de l'autre efpece de cendre.
J'entrerai dans de plus grands détails fur cet objet , dans un
Mémoire que je me propofe de lire inceffamment à l'A-
cadémie , fur cette matiere.

fut enjoint à chaque particulier qui habite les bourgs & villages du royaume, & qui font logés un peu convenablement (1), de faire chez eux un mêlange de terre propre à la production du Salpêtre, que nous défignerons ci-après ; ordonner à Meffieurs les Intendans des Provinces, de tenir la main à l'exécution de cette préfente Déclaration ; fixer des termes pour le leffivage des terres ; défendre fous peine de prifon ou autres châtimens, aux Salpêtriers, d'inquiéter en aucune maniere le particulier, fous quelque prétexte que ce foit, & récompenfer celui qui auroit le mieux travaillé fa terre, & de laquelle on auroit le plus retiré de Salpêtre. Pour lors, avec des réglemens auffi fages, il n'eft aucun fujet du Roi qui ne contribuât de toutes fes forces à la perfection de ces établiffemens, & qui ne fe trouvât bien dédommagé de fes peines, par l'efpoir de ne plus être troublé par les Salpêtriers. Ce moyen que je propofe aujourd'hui, me paroît être un des plus fimples que l'on puiffe mettre en exécution, puifqu'il auroit l'avantage, fur les autres, d'exi-

_____

(1) J'exclus de ce travail, tous les Payfans qui ne font pas logés chez eux, & qui n'ont pas une cour affez grande pour y faire l'établiffement projeté.

E iv

ger très-peu de main-d'œuvre, & réuniroit, ce
me femble, les bonnes qualités des autres procédés : pour parvenir à ce but, il faut déterminer les mêlanges qu'il convient de faire dans
les différens endroits. Toutes les Provinces du
Royaume ne fe reffemblent point, ni par leur
fituation ni par les terres qu'elles contiennent.
Dans les unes, on y trouve beaucoup de pierre
à plâtre, par conféquent, dans les décombres
des bâtimens, on peut trouver des matériaux
propres à remplir fon objet. Dans d'autres, on
n'y trouve que de la terre calcaire ; & dans
d'autres, enfin, ce font les corps marins qui y
font généralement le plus répandus. Mais toutes ces terres peuvent être employées également
avec fuccès. Les Provinces de Normandie, d'Au-
vergne, du Poitou, la Touraine, la Picardie,
l'Alface, la Franche-Comté, la Bourgogne,
la Flandre, la Lorraine, par leur fituation &
par la bonté de leur terre humectée fans ceffe
par les excrémens des animaux qui font en
grand nombre dans ces Provinces, peuvent fournir beaucoup de Salpêtre ; il en eft d'autres
dont le terrein eft fablonneux, & où l'on
pourroit conftruire des murailles, comme cela
fe pratique en Pruffe. Comme ces terres ne
peuvent pas être exploitées tous les ans avec le
même avantage, il faudroit que l'on divifât les

Provinces en deux parties, afin de laisser deux
années d'intervalle entre chaque lixivation : ce
seroit l'hiver, tems où les habitans ne font pas
preffés par les travaux champêtres, que l'on
employeroit pour la lixivation des terres : on
pourroit même se servir du froid pour la concentration des liqueurs ; ce qui seroit encore
un avantage qui diminueroit beaucoup la consommation du bois. Si l'on vouloit éviter la
main-d'œuvre, & rendre ces établissemens plus
profitables aux particuliers, il faudroit que l'on
ftylât dans chaque campagne, un homme qui
fut en état de lessiver les terres, & qui l'apprît
à chaque paysan ; ce n'est point une chose difficile, & je suis persuadé que le plus grand nombre s'en acquitteroit déjà fort bien. D'ailleurs,
s'ils avoient vu opérer une fois, cela leur suffiroit
pour toujours, & cette manipulation passeroit
de génération en génération. Si ce dernier plan
proposé étoit accepté, il faudroit que la régie
des Poudres & Salpêtre, établisse, dans la ville
ou le bourg le plus prochain, un dépôt pour
recevoir le Salpêtre ; lorsque les particuliers
l'apporteroient, que l'on fixât un prix pour chaque livre de sel. Cette dépense, au premier
abord, paroîtra considérable ; mais si l'on éva-
lue l'argent qu'il en coûte à la Compagnie pour
l'exploitation des terres, & par le séjour des

Salpétriers dans les villages , on trouvera dans cette fomme , de quoi payer les particuliers , & les dédommager de leurs peines. Ce petit intérêt produira un double avantage : non-feulement le Peuple animé par l'efpoir du gain, augmentera fon établiffement, la récolte du Salpêtre deviendra plus abondante, & par ce moyen , les revenus du Roi fe trouveront tous les ans augmentés de plufieurs millions qui paf-fent chez l'Etranger. Aux environs des grandes villes , on pourroit , comme je l'ai déjà dit , mettre à profit les immondices qu'on en retire , après que ces matieres auroient été expofées à l'air pendant quelque tems, pour les raifons que j'ai déjà indiquées ; on pourroit, fans crainte, raffembler ces terres , les mêler avec les vieux platras que l'on retire de la démolition des mai-fons ; on conftruiroit ainfi des Nitrieres arti-ficielles , qui exigeroient très-peu de main-d'œuvre , & dont on pourroit retirer un très-grand avantage , fi ces travaux étoient dirigés avec prudence & économie. Quant au procédé, pour préparer & difpofer les terres dans les villages , il faut qu'il foit affez fimple, pour qu'une femme puiffe elle-même s'en charger ; on pourra , felon la capacité du terrein que l'on aura , préparer des Nitrieres plus ou moins grandes : fi les habitations font petites, on fe

contentera de faire dans une partie de la cour,
ou même à côté, des creux à fumier, pourvu que
le terrein soit un peu plus élevé ou dans un
coin du jardin, une ouverture en terre de six
pieds quarrés sur deux pieds de profondeur ;
ceux qui seront mieux logés, & qui auront un
terrein plus considérable, seront les maîtres de
faire des augmentations ; ils y trouveront un
avantage réel, puisque leur profit sera établi
sur leur produit. Il est essentiel que les ouvertures soient placées de maniere que l'air puisse
y avoir un libre accès. La direction du Nord,
me paroît être la meilleure & la plus convenable ; on pourra adosser les fosses à un mur,
afin d'y fixer un toît qui sera couvert de paille,
pour les garantir de la pluie ; le fond de ces
fosses sera garni de gláise que l'on aura battu
de tout côté, ou au défaut, on pourra les en-
duire avec du mortier de chaux & de sable, ou
bien avec des dales de pierre. Les choses étant
ainsi disposées, on procédera au mêlange ; on
prendra du terreau de jardin ; au lieu de cette
terre, on pourra y substituer celle des caves, des
étables, des granges, celle qui se trouve autour
dès maisons, dans les villages, ou mieux encore, celle sur laquelle ont séjourné les fumiers
pendant long-tems, n'importe l'espece, pourvu
que ce soit une terre qui abonde en phlogisti-

que ; on en prendra , dis-je , cent parties ; on y
mêlera autant de plâtras ou de décombres de
vieilles maifons ; on pourra, au défaut de ces
plâtras, fe fervir de chaux éteinte, de craie, de
terre coquillere de toute efpece, pourvu cependant qu'elle foit entierement dénaturée par le
laps de tems ; on ajoutera à ce mêlange , trois
ou quatre hotées d'herbes de toute efpece ; on
préférera néanmoins celles qui croiffent dans
les terreins gras , fur les fumiers, le long des
murs , & toutes les herbes potageres ; on les
brifera , afin de pouvoir les mêler plus exactement ; on y mêlera auffi un peu de fumier, foit
de vache, cheval, mulet, mouton , cinq parties:
fi l'on peut fe procurer de la fiente de pigeon ,
on en femera un peu fur ce mêlange ; mais on
peut s'en paffer, & y fubftituer de la fiente de
poule : on y ajoutera auffi des cendres, quatre
parties , & on pourra les employer leffivées
comme non leffivées, car elles conviennent également. Il faut qu'il y ait de ce mêlange fuffi-
famment pour remplir toute l'ouverture , &
pour qu'il déborde encore de deux ou trois pieds
au-deffus du niveau ; on le terminera en efpece
de pyramide par le haut. Ce premier travail ,
une fois fait, ce fera pour long-tems ; on n'aura
d'autres chofes à faire , que d'y porter tous les
jours, l'urine que l'on aura rendu de la nuit , &

les balayures des chambres & de la cour. Si cependant il ne se trouvoit pas d'urine en affez
grande quantité pour humecter suffisamment ces
terres, il faudroit avoir recours à l'eau du fumier ou des bourbiers, ou la fauffe que j'ai déjà
indiquée ci-devant. Tous les deux mois on re-
muera cette terre à fond, afin de renouveller
les furfaces, & pour que la putréfaction fe
faffe complettement ; mais on pourra la remuer plus fouvent fur la fin, & quatre mois
avant la lixivation, on ceffera d'y ajouter aucune humidité. Ce procédé, que je foumets aujourd'hui au jugement de cette illuftre Académie, eft fûr ; il m'a été communiqué par un
homme fort verfé dans ce genre de travail,
qui m'a affuré l'avoir toujours employé avec
un grand fuccès ; & il a, ce me femble, fur
les autres, l'avantage d'être plus fimple & de
pouvoir remplir les vues que le Gouvernement
s'eft propofées, puifqu'on peut le préparer par-
tout, & que les matériaux qui le compofent
font généralement répandus (1). Comme les

_____

(1) On m'a objecté, cependant, que les moyens que je
viens de propofer n'étoient fimples qu'en apparence, &
qu'ils ne pourroient pas être mis en ufage, parce que l'exécution en eft, dit-on, plus rigoureufe & plus fatiguante que
la fouille même ; je crois que cette objection n'eft pas fon-

animaux font très-gourmands de nître , il eft
très-effentiel que cette foffe foit entourée de
paliffades , afin de leur en empêcher l'accès :
on aura des paillaffons dont on fe fervira pour
garantir ces mêlanges de la pluie & de la forte
action du foleil (1). Le tems de la lixivation

---

dée ; car il me femble qu'il y a beaucoup de différence
entre deux procédés, dont l'un ne fatigueroit point le particulier , & lui rapporteroit du profit, & l'autre au contraire
qui lui eft très-onéreux, & dont les inconvéniens font fi
connus, qu'il me paroît inutile de difcuter laquelle des
deux méthodes , ou de celle que je propofe ici, ou de celle
que l'on pratique , eft la meilleure. Quand le procédé que
je propofe n'auroit d'autre avantage que celui d'éviter la
fouille , je crois qu'il pourroit mériter quelque confidéra-
tion ; on n'ignore pas cependant les vexations qu'entraîne
après elle la fouille ; on n'ignore pas que les Salpétriers,
en creufant les caves des particuliers , dégradent leurs maifons & en hâtent la ruine ; on n'ignore pas que , fous le
prétexte de chercher du Salpêtre , les Salpétriers , à la
campagne , troublent la tranquillité du payfan , fe rendent
maîtres de leurs maifons , & occafionnent des maux plus
grands que ceux même que procure la fouille.

(1) On pourroit auffi mettre en ufage les moyens économiques que l'on emploie dans le Comtat d'Avignon. Ici
le peuple n'eft point foulé, n'eft point expofé à l'affujettiffement qu'entraîne après elle la fouille ; ce font des particuliers qui préparent le Salpêtre ; il y en a environ douze
dans la feule ville d'Avignon , qui font chargés de cette

de ces terres étant arrivé , on se disposera à les
lessiver & à filtrer la liqueur. Il ne sera pas né-
cessaire d'avoir vingt-quatre cuviers , comme
cela se pratique dans les Rafineries en grand ,
deux ou trois seulement pourront suffire. Au
reste, on se bornera à cet égard , à la capacité

---

opération , quoique d'autres personnes pourroient également
entreprendre ce travail. Ils sont logés presque tous dans des
rues assez retirées , & tout près des murs de la ville ; ils
ont le droit , dans la démolition des maisons ou des vieux
édifices, de faire enlever les décombres, qu'ils mettent dans
des hangards attenans à leur maison ; ils mêlent les décombres avec la terre des caves, ou avec celle des prés qu'ils
humectent ensuite , ou avec de l'urine, ou avec l'eau des
bourbiers , ou bien avec une eau dans laquelle ils ont fait
pourrir des plantes. Ils remuent les mêlanges de tems-en-
tems , & ne les lessivent que lorsqu'ils sont bien secs & qu'ils
ont perdu toute mauvaise odeur. Ils ont l'attention d'avoir
une assez grande quantité de ces terres , qu'ils disposent de
manière à pouvoir occuper continuellement les ouvriers :
lorsque la lixiviation est faite , ils exposent ces terres dans de
petites ouvertures qu'ils ont pratiqué autour des murs de la
ville , non-seulement pour les impregner de nouveau de
matieres putrides, mais même pour les faire ressuyer & les
dessécher entierement. Enfin, lorsque les terres ont resté
ainsi pendant un certain tems exposé à l'air, ils les rentrent
de nouveau dans le hangard, les remêlent avec de nouvelles,
& les laissent en cet état, pour être ensuite relessivé à leur
tour. Tels sont les moyens que l'on emploie pour préparer

tonneaux & à la quantité de terre que l'on
aura. Il faut encore que ces cuviers soient percés par le bas, comme ceux qui servent à couler
la lessive ; on ajustera à cette ouverture, de la
paille, pour servir de pissote : il faut qu'ils soient
posés sur un bloc de bois assez élevé, afin que
l'on puisse facilement y glisser un baquet, pour
recevoir la liqueur ; au fond du cuvier, on fera
un lit de paille, pour éviter l'adhérence de la
terre, & pour que la liqueur puisse filtrer plus
facilement. L'Attelier étant ainsi disposé, on
remplira les cuviers aux trois-quarts de terre,
& on finira de les remplir avec de l'eau froide ;
on agitera le tout avec un bâton, & on la
laissera ainsi séjourner pendant quelque tems,
afin que la terre soit bien pénétrée, & que
l'eau puisse se charger des sels les plus solubles ;

le Salpêtre dans le Comtat d'Avignon, moyens simples &
point du tout onéreux au public, puisqu'il n'est assujetti
à rien. Les différens Atteliers que j'ai vu pendant mon séjour
dans cette ville, m'ont paru très-bien dirigés, & conduits
avec prudence ; plusieurs Propriétaires m'ont avoué qu'ils
faisoient environ deux cents quintaux de Salpêtre par an,
qu'ils consomment presque tous, soit à faire l'eau-forte,
qu'ils distillent dans de grandes cornues de verre, capables
de contenir soixante livres de mélange ; soit à la poudre à
canon, qu'ils préparent dans des moulins hors de la ville,
soit pour le commerce.

pourra reverfer une feconde fois la liqueur filtrée fur la même terre, afin de la charger le plus qu'il fera poffible de fel ; cette liqueur fera mife à part. Si l'on prévoit qu'il refte encore du fel dans la terre, on y ajoutera de nouvelle eau que l'on pourra reverfer fur de nouvelles terres, & on continuera ainfi de fuite, jufqu'à ce que les terres foient entierement leffivées : on raffemblera toutes ces liqueurs, & on les fera évaporer. Mais pour procéder à cette évaporation, il faut fe procurer les inftrumens convenables ; ce qui, je l'avoue, ne peut fe faire fans dépenfe ; mais s'il n'y avoit que cette difficulté qui pût s'oppofer à la réuffite de cet établiffement, on verra bientôt qu'il eft très-facile de la réfoudre. Chaque particulier ne fera pas obligé d'avoir fa chaudiere, deux feulement fuffiront pour une communauté ; elles pafferont fucceffivement de maifon en maifon, pour faire évaporer leur liqueur, & elles feront enfuite dépofées chez le Curé du lieu, ou chez le Principal de l'endroit. Une fomme de foixante livres fera fuffifante pour cette acquifition ; cette fomme très-modique par elle-même, ne ruinera pas le payfan, puifqu'on peut calculer, en prenant un terme moyen, qu'il ne lui en coûtera pas dix fols pour fa quote part, en comprenant

F

encore la fpatule de fer & les autres inftrumens néceffaires. On pourroit encore oppofer
à la réuffite de cet établiffement, la quantité
de bois qu'il faudroit pour l'évaporation de ces
liqueurs : mais, comment font les Salpétriers,
lorfqu'ils font la même opération dans les
villages ? Les Payfans feroient comme eux,
fuivroient leur marche & parviendroient également à leur fin. Chaque communauté a fa
portion de bois, & il feroit à defirer que les
années où l'on procéderoit à la leffive des terres, le Roi, par un nouveau trait de bienfai-
fance, permit aux habitans d'en abattre une
plus grande quantité dans ces années-là, que
dans d'autres. Dans les endroits où il y a di-
fette de bois, on pourroit fe fervir de tourbes,
de charbons-de-terre ou d'autres matieres com-
buftibles ; mais il faudroit, dans ce cas, que
les fournaux fuffent conftruits différemment,
afin de tirer de la chaleur, le plus de parti
poffible. Le Salpêtre qui auroit été retiré de la
lixivation de ces terres, feroit remis en cet état
aux Salpétriers, qui le purifieroient, pour être
enfuite employés aux différens ufages auxquels
convient le Salpêtre purifié.

Les terres qui auront été leffivées, pourront
fervir de nouveau au même ufage ; il faudra,
lorfqu'elles feront bien égoutées, y mêler quatre

parties de cendre, ou mieux encore, de la chaux éteinte; on y ajoutera un peu de crotin de cheval; on remettra le tout dans la fosse, & on continuera à y verser l'urine & les balayures, comme cela se pratiquoient auparavant: on retirera de cette terre, dans une seconde opération, une beaucoup plus grande quantité de Salpêtre que dans la premiere.

Connoissant les abus qui se pratiquent dans ce genre de travail, & les vexations auxquelles sont exposés les gens de la campagne, j'ai cru devoir proposer mes vues sur cet objet. Je me croirai trop heureux, si les moyens simples que j'annonce, peuvent être de quelqu'utilité, & si je puis donner à ma Patrie, des preuves de mon zele & de mon amour pour elle.

F I N.

EXTRAIT des Regiſtres de l'Académie des Sciences, du 11 Mars 1778.

MESSIEURS Macquer & Lavoiſier, ayant rendu compte d'un Mémoire de M. CORNETTE, ſur la formation du Salpêtre, l'Académie a jugé cet Ouvrage digne de ſon Approbation, & d'être imprimé ſous ſon Privilege : en foi de quoi j'ai ſigné le préſent Certificat. A Paris, ce 18 Mars 1778.

Signé, Le Marquis de CONDORCET, Secrétaire perpétuel.

ERRATA.

A l'Epigraphe, *oleagenosis* ; lisez *oleaginosis*.

Page xj , *ligne* 14 de l'Avertissement, mauvaises ; *lisez* mauvais.

Pag. 19, *lig.* 6, sélénité ; *lis.* sélénite.

Pag. 26 , *lig.* 5 , les Sels ; *lis.* ces Sels.

Pag. 28 , *lig.* 11 de la note , & il faisoit ; *lis.* il faisoit.

SECONDE PARTIE.

Pag. 35 , *lig.* 6 , que l'on ait trouvé ; *lis.* que l'on en ait trouvé.

Pag. 37, *lig.* 8 , si on avoit eu soin ; *lis.* & si on avoit eu soin.

Pag. 41, *lig.* 19 , dans les plâtres ; *lis.* dans le plâtre.

Pag. 43, *lig.* 14 , M. Rax ; *lis.* M. Roux.

Pag. 70 , *lig.* 8 de la note , des eaux des mers ; *lis.* des eaux mees.

Pag. 81 , *lig.* première, pourra ; *lis.* on pourra.

www.ingramcontent.com/pod-product-compliance
Lightning Source LLC
Chambersburg PA
CBHW071519200326
41519CB00019B/6000